电工技能(中级)

主　编　林型平　何　琪
主　审　陈永芳
参　编　张海玲　苗家明　徐　鹏　应泽光
　　　　邵汉东

哈尔滨工程大学出版社
Harbin Engineering University Press

内 容 简 介

本教材是根据《国家职业技能标准——中级电工》的基本要求编写的，介绍了电工技能中所需要掌握的常用低压电器的选择、电气基本控制环节安装与调试、典型设备电气控制系统调试、电子线路装焊与调试、用电安全与保护、电工理论知识等知识点。本教材具有项目化的特点。知识点以项目化、典型案例的方式呈现，以项目驱动展开。本教材的编写坚持以能力为本位，理论教学紧密联系实际，为分析解决现实问题服务，将理论与技能训练有机结合。本教材注重对学生的过程考核，将检验标准更多地定位在考核学生的能力上。

本教材可作为中、高等职业技术院校机电类专业的教学用书，也可作为机电专业的学生参加电工国家职业技能鉴定考核培训的参考用书。

图书在版编目（CIP）数据

电工技能：中级/林型平，何琪主编.—哈尔滨：
哈尔滨工程大学出版社，2023.11
ISBN 978-7-5661-4150-7

Ⅰ. ①电… Ⅱ. ①林… ②何… Ⅲ. ①电工技术
Ⅳ. ①TM

中国国家版本馆 CIP 数据核字（2023）第 225680 号

电工技能（中级）
DIANGONG JINENG（ZHONGJI）

选题策划　史大伟　雷　霞
责任编辑　丁月华
封面设计　李海波

出版发行	哈尔滨工程大学出版社
社　　址	哈尔滨市南岗区南通大街 145 号
邮政编码	150001
发行电话	0451-82519328
传　　真	0451-82519699
经　　销	新华书店
印　　刷	哈尔滨午阳印刷有限公司
开　　本	787 mm×1 092 mm　1/16
印　　张	12.5
字　　数	305 千字
版　　次	2023 年 11 月第 1 版
印　　次	2023 年 11 月第 1 次印刷
书　　号	ISBN 978-7-5661-4150-7
定　　价	40.00 元

http://www.hrbeupress.com
E-mail：heupress@ hrbeu.edu.cn

前　　言

随着我国制造业的飞速发展,产业转型升级提速,技能型人才越来越受到重视。中、高等职业技术院校针对技能型人才的培养、储备工作已经迫在眉睫。为了满足中、高等职业技术教育发展的需要,使学生更快更好地掌握操作技能,我们根据《国家职业技能标准——中级电工》的基本要求编写了本教材。本教材具有项目化的特点。知识点以项目化、典型案例的方式呈现,以项目驱动展开。本书的编写坚持以能力为本位,理论教学紧密联系实际,为分析解决现实问题服务,将理论与技能训练有机结合。本教材注重对学生的过程考核,将检验标准更多地定位在考核学生的能力上。

本教材的编写原则:

第一,以能力为本位,重视操作技能的培养,突出职业技术教育特色。本着理论知识"实用、够用、易学"的原则,重点加强了实习操作教学内容,强调学生实际工作能力的培养。

第二,贯彻国家关于职业资格证书与学业证书并重、职业资格证书制度与国家就业制度相衔接的政策精神,力求教材内容涵盖国家职业标准(中级)的知识、技能要求,确实保证学员达到中级技能人才的培养目标。

本教材的编写特点:

将知识点分散在各个课题中,先介绍实现项目要求的相关知识,然后介绍实现任务的整个过程,力求符合学生的认知规律。

采用图文并茂的方法,尽可能用图片、表格形式展现知识点,以提高可读性。

针对各个课题的知识点,每个课题后都配备了练习题,能使学生对所学的知识得以巩固与提高。

在教材的最后,选取了一定数量的维修电工操作技能鉴定的试卷、试题及答案,便于读者学习后举一反三。

本教材由浙江国际海运职业技术学院林型平、何琪主编,陈永芳主审。张海玲、苗家明、徐鹏、应泽光,以及企业家邵汉东等参与了书中部分章节的编写。本教材可作为中、高等职业技术院校机电类专业的教学用书,也可作为机电专业的学生参加电工国家职业技能鉴定考核培训的参考用书。

由于编者水平有限,书中疏漏之处在所难免,敬请各位专家、同行、读者批评指正!

编　者
2023 年 6 月

目　　录

项目 1　常用低压电器的选择

【学习任务概况】

知识目标:熟悉常用低压电器的用途、结构、工作原理、型号及技术参数;掌握常用低压电器的功能、用途及电气符号。

能力目标:能正确选用和使用常用低压电器;初步具有安装和维护常用低压电器的能力。

思政目标:在低压电气元件分析中学会细心、耐心的工作态度,提高勤学苦练、吃苦耐劳的工匠精神,更适应我国现代工业智能化技术发展需求。

任务 1.1　常用低压电器的认识

低压电器是指工作在交流额定电压 1 200 V 及以下、直流额定电压 1 500 V 及以下的电路中,起通断、保护、控制或调节作用的电器设备。低压电器作为基本元器件广泛应用于船舶电气、发电厂、变电所、工矿企业、交通运输等的电力输配电系统和电力拖动控制系统中。低压电器是构成控制系统最常用的器件,了解它的分类、作用和用途,对设计、分析和维护控制系统都是十分必要的。

1.1.1　低压电器的分类

控制系统和输配电系统中用的低压电器种类繁多,按其所控制的对象分类,可分为低压配电电器和低压控制电器。低压配电电器:用于低压供配电系统中,如低压断路器、低压隔离器等。低压控制电器:用于电气控制线路中,如继电器、接触器等。按所起的作用分类,低压电器可分为控制电器、主令电器、保护电器和执行电器。控制电器:用来控制电路的通断,如开关、继电器、接触器等。主令电器:用来发送控制指令以控制其他自动电器的动作,如按钮、主令开关、行程开关等。保护电器:用来对电路和电气设备进行安全保护,如熔断器、热继电器等。执行电器:用来执行某种动作或传动功能,如电磁铁、电磁离合器等。按动作性质分类,低压电器可分为自动控制电器和非自动控制电器。自动控制电器:按照电信号或非电信号的变化而自动动作的电器,如继电器、接触器等。非自动控制电器:由人工直接操作而动作的电器,如按钮、开关等。按工作原理分类,低压电器可分为电磁式电器和非电量控制电器。电磁式电器:根据电磁感应原理来工作的电器,如继电器、接触器等。非电量控制电器:依靠外力或非电量的变化而动作的电器,如按钮、温度继电器等。

1.1.2　电磁式低压电器的基本结构

电磁式低压电器是电气控制系统中最常见的,从其基本结构上看,大部分由电磁机构、触头系统和灭弧装置三个部分组成,如图 1-1 所示。

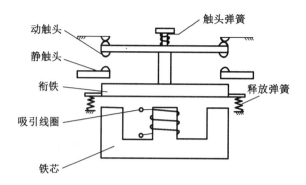

图1-1 电磁式低压电器的基本结构

1.电磁机构

（1）电磁机构的结构形式

电磁机构是电磁式低压电器的感测部分，其作用是将电磁能转换为机械能，从而带动触头动作，达到接通或分断电路的目的。电磁机构由吸引线圈和磁路两部分组成。其中磁路包括铁芯、衔铁和气隙。其工作原理是：当吸引线圈通入一定的电压或电流后，产生磁场，磁通经铁芯、衔铁和气隙形成闭合回路，产生电磁吸力，衔铁即被吸向铁芯，从而带动衔铁上的触头动作，以完成触头的断开和闭合。电磁机构的结构形式按铁芯形式分有单 E 形、单 U 形、螺管形、双 E 形等；按衔铁动作方式分有直动式、转动式，如图1-2 所示。

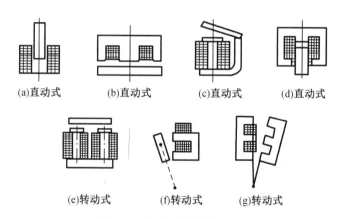

(a)直动式　　(b)直动式　　(c)直动式　　(d)直动式

(e)转动式　　(f)转动式　　(g)转动式

图1-2 电磁机构的结构形式

根据通电电流的性质不同，吸引线圈可分为直流电磁线圈和交流电磁线圈。对于直流电磁线圈，铁芯和衔铁可以用整块电工软钢制成。对于交流电磁线圈，为了减少因涡流等造成的能量损失和温升，铁芯和衔铁用硅钢片叠成。当线圈并联于电路工作时，称为电压线圈，其特点是线圈的匝数多、线径细；当线圈串联于电路工作时，称为电流线圈，其特点是线圈的匝数少、线径粗。

（2）电磁机构的工作原理

电磁机构的工作原理常用吸力特性和反力特性来描述，如图1-3 所示。吸力特性是指电磁吸力 F 随衔铁与铁芯间气隙 δ 变化的关系曲线。反力特性是指反作用力 Fr（使衔铁释放的力）与气隙 δ 的关系曲线。在衔铁吸合过程中，其吸力特性必须始终处于反力特性上方,即吸力要大于反力;反之衔铁释放时,吸力特性必须位于反力特性下方,即反力要大于吸力(此时的吸力是由剩磁产生的)。在吸合过程中还须注意吸力特性位于反力特性上方不能太高,否则会影响电磁机构寿命。直流电磁线圈通入的是恒定的直流电流,即在外加电压和线圈电阻 R 一定的条件下其电流 I 也一定,与气隙的大小无关。但作用在衔铁上的吸力 F 却与气隙 δ 的大小有关。当电磁铁刚启动时,气隙最大,此时磁路中磁阻最大,磁感应强度较小,故吸力最小;当衔铁完全吸合后,气隙最小,此时磁路中磁阻最小,磁感应强度较大,故吸力最大。交流电磁线圈通入的是交变电流,磁感应强度为交变量,其产生的吸力为脉动的。由于吸力是脉动的,衔铁以两倍电源频率在振动,既会引起噪声,又会使电器结构松散、触头接触不良,容易被电弧火花熔焊与蚀损,因此,必须采取有效措施,使线圈在交流电变小和过零时仍有一定的电磁吸力以消除衔铁的振动。可以在磁极的部分端面上嵌入一个铜环——称为短路环(或分磁环),如图 1-4 所示。

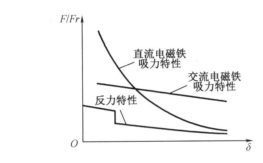

图 1-3　吸力特性与反力特性的配合

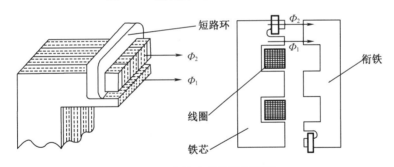

图 1-4　交流电磁铁的短路环

当磁极的主磁通发生变化时,在短路环中会产生感应电流和磁通 Φ_2,将阻碍主磁通的变化,使得磁极两部分中的磁通之间产生相位差,因此磁极各部分的磁通不会同时降为零,磁极一直具有一定的电磁吸力,这就消除了衔铁的振动,也除去了噪声。

交流电磁铁刚启动时,气隙最大,磁阻最大,电感和感抗最小,因而这时的电流最大;在吸合过程中,随着气隙的减小,磁阻减小,线圈电感和感抗增大,电流逐渐减小。当衔铁完全吸合后,电流最小。在电磁铁启动时,线圈中的电流虽为最大,但这时的磁阻要增大几百倍,而线圈中的电流受到漏阻抗的限制,不能增加相应的倍数,因此启动时磁动势增加小于磁阻的增加,磁通、磁感应强度减小,吸力较小;当衔铁吸合后,磁阻减小较多,磁动势减小较少,磁通、磁感应强度增大,吸力增大。

交流电磁铁工作时,衔铁与铁芯之间一定要吸合好。如果由于某种机械故障,衔铁或机械可动部分被卡住,通电后衔铁吸合不上,则线圈中流过超过额定值的较大电流,将使线圈严重发热,甚至烧坏。

2. 触头系统

触头是电器的执行机构,它在衔铁的带动下起接通和分断电路的作用。在闭合状态下动、静触头完全接触,并有工作电流通过时,称为电接触。电接触的工作状况将影响触头的工作可靠性和使用寿命。影响电接触工作状况的主要因素是触头的接触电阻,因为接触电阻大时,易使触头发热而温度升高,从而易使触头产生熔焊现象,这样既影响工作可靠性又缩短了触头的寿命。触头的接触电阻不仅与触头的接触形式有关,而且与接触压力、触头材料及表面状况有关。减小接触电阻的方法:(1)触头材料选用电阻率小的材料;(2)增加触头的接触压力;(3)改善触头表面状况。触头接触形式有点接触、面接触、线接触三种,如图 1-5 所示。点接触式适用于小电流的场合;面接触式适用于大电流的场合;线接触式(又称指形接触)适用于通断次数多、大电流的场合。

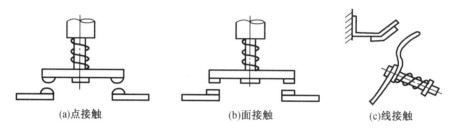

(a)点接触   (b)面接触   (c)线接触

图 1-5　触头的三种接触形式

触头按其运动情况分为静触头和动触头(图 1-6),固定不动的称为静触头,由连杆带着移动的称为动触头;按触头控制的电路分为主触头和辅助触头,主触头用于接通和断开主电路,允许通过较大的电流,辅助触头用于接通或断开控制电路,只能通过较小的电流;按触头的原始状态分为常闭触头和常开触头,在电器未通电或没有受到外力作用时处于闭合位置的电器触头称为常闭(又称动断)触头,常态时相互分开的动、静触头称为常开(又称动合)触头;按触头的结构形式分为桥式触头和指形触头。

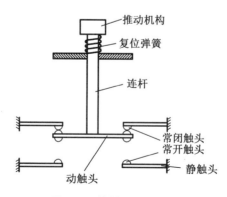

推动机构
复位弹簧
连杆
常闭触头
常开触头
动触头
静触头

图 1-6　静触头和动触头

3. 电弧的产生和灭弧方法

电弧是在触头由闭合状态过渡到断开状态的过程中产生的,是触头间气体在强电场作用下产生的放电现象,是一种带电质子的急流。电弧的特点是外部有白炽弧光,内部有很高的温度和密度很大的电流。电弧产生的原因主要有强电场放射、撞击电离、热电子发射、高温游离等。

灭弧的基本方法:(1)拉长电弧,从而降低电场强度;(2)用电磁力使电弧在冷却介质中运动,降低弧柱周围的温度;(3)将电弧挤入绝缘壁组成的窄缝中以冷却电弧;(4)将电弧分成许多串联的短弧,增加维持电弧所需的临界电压降。常用的灭弧装置有电动力吹弧、磁吹灭弧、栅片灭弧、窄缝灭弧等,分别如图 1-7、图 1-8、图 1-9、图 1-10 所示。

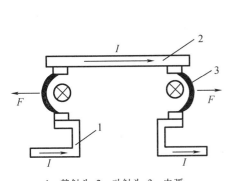

1—静触头;2—动触头;3—电弧。

图 1-7 双断口电动力吹弧

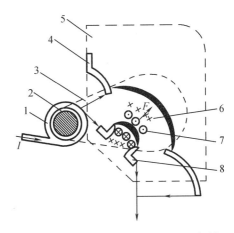

1—磁吹线圈;2—铁芯;3—导磁夹板;4—引弧角;

5—灭弧罩;6—磁吹线圈磁场;7—电弧电流磁场;8—动触头。

图 1-8 磁吹灭弧

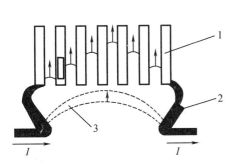

1—灭弧栅片;2—触头;3—电弧。

图 1-9 栅片灭弧

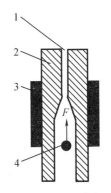

1—纵缝;2—介质;3—磁性夹板;4—电弧。

图 1-10 窄缝灭弧

任务 1.2 接触器的选用

接触器是一种自动接通或断开大电流电路的电器。它可以频繁地接通或分断交直流电路,并可实现远距离控制。其主要控制对象是电动机,也可用于电热设备、电焊机、电容器组等其他负载。它还具有低电压释放保护功能,具有控制容量大、过载能力强、寿命长、设备简单经济等特点,是电力拖动自动控制线路中使用最广泛的低压电器。按照主触头所控制电路的电流性质种类,接触器可分为交流接触器和直流接触器两大类;按操作方式可分为电磁接触器、气动接触器和电磁气动接触器;按灭弧介质可分为空气电磁式接触器、油浸式接触器和真空接触器等;按电磁机构的励磁方式可分为直流励磁操作与交流励磁操作两种。

1.2.1 交流接触器

1. 交流接触器的结构与工作原理

交流接触器主要由电磁机构、触头系统、灭弧装置等组成。交流接触器结构示意图如图 1-11 所示。电磁机构由线圈、静铁芯和动铁芯(衔铁)组成,其作用是将电磁能转换为机械能,产生电磁吸力带动触头动作。触头系统包括主触头和辅助触头。主触头用于通断主电路,通常为三对常开触头;辅助触头用于控制电路,起电气联锁作用,故又称为联锁触头,一般常开、常闭各两对。容量在 10 A 以上的接触器都有灭弧装置,对于小容量的接触器,常采用双断口触头灭弧、电动力灭弧、相间弧板隔弧及陶土灭弧罩灭弧;对于大容量的接触器,采用纵缝灭弧罩及栅片灭弧。除了电磁机构、触头系统、灭弧装置外,交流接触器还有其他部件,主要包括反作用弹簧、缓冲弹簧、触头压力弹簧、传动机构及外壳等。电磁式接触器的工作原理:当电磁线圈通电后,线圈电流产生磁场使静铁芯产生电磁吸力吸引衔铁,并带动触头动作,使常闭触头断开,常开触头闭合,两者是联动的。当电磁线圈断电时,电磁力消失,衔铁在释放弹簧的作用下释放,使触头复原,即常开触头断开,常闭触头闭合。

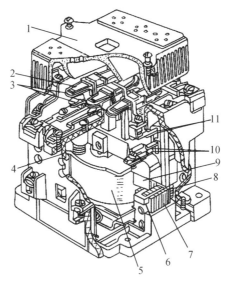

1—灭弧罩;2—触头压力弹簧片;3—主触头;4—反作用弹簧;5—线圈;6—短路环;
7—静铁芯;8—触头弹簧;9—动铁芯;10—辅助常开触头;11—辅助常闭触头。

图 1-11 交流接触器结构示意图

2. 交流接触器的分类

交流接触器的种类很多,其分类方法也不尽相同,大致有以下几种。

(1)按主触头极数分可分为单极、双极、三极、四极和五极接触器。单极接触器主要用于单相负载,如照明负荷、电焊机等;双极接触器用于绕线转子异步电动机的转子回路中,启动时用于短接启动绕组;三极接触器用于三相负荷,在电动机的控制和其他场合使用最为广泛;四极接触器主要用于三相四线制的照明线路,也可用来控制双回路电动机负载;五极交流接触器用来组成自耦补偿启动器或控制笼型电动机,以变换绕组接法。

(2)按灭弧介质分可分为空气式接触器和真空式接触器等。依靠空气绝缘的接触器用于一般负载,而采用真空绝缘的接触器常用在煤矿、石油、化工企业及电压在 660 V 和 1 140 V 的一些特殊场合。

(3)按有无触头分可分为有触头接触器和无触头接触器。常见的接触器多为有触头接触器,无触头接触器属于电子技术应用的产物,一般采用晶闸管作为回路的通断元件。由于可控硅导通时所需的触发电压很小,而且回路通断时无火花产生,因此可用于高操作频率的设备和易燃、易爆、无噪声的场合。

3. 交流接触器的基本参数

(1)额定电压

额定电压是指主触头额定工作电压,应等于负载的额定电压。一只接触器常规定几个额定电压,同时列出相应的额定电流或控制功率。通常,最大工作电压即为额定电压。常用的额定电压为 220 V、380 V、660 V 等。

(2)额定电流

额定电流是指接触器触头在额定工作电压条件下的电流。380 V 三相电动机控制电路中,额定工作电流可近似等于控制功率的两倍。常用额定电流等级为 5 A、10 A、20 A、40 A、60 A、100 A、150 A、250 A、400 A、600 A。

(3)通断能力

通断能力是指在规定条件下触头闭合、断开时的预期电流,可分为最大接通电流和最大分断电流。最大接通电流是指触头闭合时不会造成触头熔焊时的最大电流;最大分断电流是指触头断开时可靠灭弧的最大电流。一般通断能力是额定电流的 5~10 倍。当然,这一数值与开断电路的电压等级有关,电压越高,通断能力越小。

(4)动作值

动作值是指中间继电器开启的电压,可分为吸合电压和释放电压。吸合电压是指接触器吸合前,缓慢增加吸合线圈两端的电压,使接触器可以吸合时的最小电压;释放电压是指接触器吸合后,缓慢降低吸合线圈的电压,使接触器释放时的最大电压。一般规定,吸合电压不低于线圈额定电压的 85%,释放电压不高于线圈额定电压的 70%。

(5)吸引线圈额定电压

吸引线圈额定电压是指接触器正常工作时,吸引线圈上所加的电压。一般该电压以及线圈的匝数、线径等数据均标于线包上,而不是标于接触器外壳铭牌上,使用时应加以注意。

(6)操作频率

接触器在吸合瞬间,吸引线圈需消耗比额定电流大 5~7 倍的电流。如果操作频率过高,则会使线圈严重发热,直接影响接触器的正常使用。为此,规定了接触器的允许操作频率,一般为每小时允许操作次数的最大值。

(7)寿命

交流接触器的寿命包括电寿命和机械寿命。目前接触器的机械寿命已达到 1 000 万次以上，电气寿命为机械寿命的 5%~20%。

4. 常用典型交流接触器简介

（1）空气电磁式交流接触器

空气电磁式交流接触器典型的产品有 CJ20、CJ21、CJ26、CJ35、CJ40、NC、B、LC1－D、3TB、3TF 系列等。

（2）切换电容器接触器

切换电容器接触器专用于低压无功补偿设备中投入或切除并联电容器组，以调整用电系统的功率因素。常用的产品有 CJ16、CJ19、CJ20、CJ39、CJ41、CJX4、CJX2A、B、6C 系列等。

CJ20 系列型号含义：

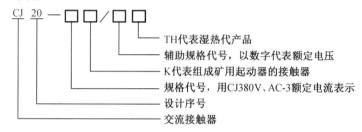

B 系列型号含义：

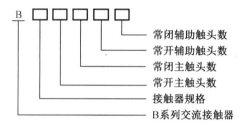

（3）真空交流接触器

真空交流接触器以真空为火弧介质，其主触头密封在真空开关管内，适用于条件恶劣的危险环境中。常用的真空交流接触器有 3RT12、CKJ 和 EVS 系列等。

1.2.2　直流接触器

直流接触器主要用于远距离接通与分断直流电路及直流电动机的频繁启动、停止、反转或反接制动控制，还用于 CD 系列电磁操作机构合闸线圈、频繁接通和断开起重电磁铁、电磁阀、离合器、电磁线圈等。直流接触器的结构和工作原理与交流接触器基本相同，也由电磁机构、触头系统和灭弧装置组成。电磁机构采用沿棱角转动拍合式铁芯，由于线圈中通入直流电流，铁芯不会产生涡流，因此可用整块铸铁或铸钢制成铁芯，不需要短路环。触头系统有主触头和辅助触头，主触头通断电流大，采用滚动接触的指形触头；辅助触头通断电流小，采用点接触的桥式触头。由于直流电弧比交流电弧更难以熄灭，故直流接触器采用磁吹式灭弧装置和石棉水泥灭弧罩组成。直流接触器通入直流电，吸合时没有冲击启动电流，不会产生猛烈撞击现象，因此使用寿命长，适用于频繁操作的场合。常用的直流接触器有 CZ18、CZ21、CZ22、CZ0 和 CZT 系列等。

CZ18 系列直流接触器型号含义：

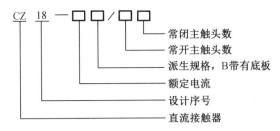

接触器的符号如图 1-12 所示。

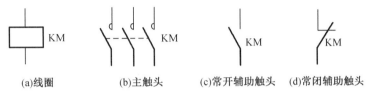

(a)线圈　　(b)主触头　　(c)常开辅助触头　　(d)常闭辅助触头

图 1-12　接触器的符号

1.2.3　接触器的选用

(1)接触器极数和类型的确定。接触器的极数根据用途确定,接触器的类型应根据电路中负载电流的种类来选择。

(2)根据接触器所控制负载的工作任务选择相应类别的接触器。

(3)根据负载功率和操作情况确定接触器主触头的电流等级;应根据控制对象类型和使用场合,合理选择接触器主触头的额定电流。控制电阻性负载时,主触头的额定电流应等于负载的额定电流;控制电动机时,主触头的额定电流应大于或稍大于电动机的额定电流;当接触器使用在频繁启动、制动及正反转的场合时,应将主触头的额定电流降低一个等级使用。

(4)根据接触器主触头接通与分断主电路电压等级决定接触器的额定电压,所选接触器主触头的额定电压应大于或等于控制线路的电压。

(5)接触器吸引线圈的额定电压应由所接控制电路的电压确定。当控制线路简单,使用电器较少时,应根据电源等级选用 380 V 或 220 V 的电压;当线路复杂,从人身和设备安全角度考虑,可选择 36 V 或 110 V 电压的线圈,此时增加相应变压器设备容量。

(6)接触器触头数和种类应满足主电路和控制电路的要求。

1.2.4　接触器的安装与使用

接触器一般应安装在垂直面上,倾斜度不得超过 5°,若有散热孔,则应将有孔的一面放在垂直方向上,以利散热。安装和接线时,注意不要将零件失落或掉入接触器内部,安装孔的螺钉应装有弹簧垫圈和平垫圈,并拧紧螺钉以防振动松脱。接触器还可用于欠电压、失电压保护,它的吸引线圈在电压为额定电压的 85% ~ 105% 范围内能保证电磁铁的吸合,但当电压降到额定电压的 50% 以下时,衔铁吸力不足,自动释放而断开电源,以防止电动机过电流。有的接触器触头嵌有银片,银氧化后不影响导电能力,这类触头表面发黑,一般不需要清理。带灭弧罩的接触器不允许不带灭弧罩使用,以防止发生短路事故。陶土灭弧罩质脆易碎,应避免碰撞,若有碎裂,应及时更换。

任务 1.3　继电器的选用

继电器是一种利用各种物理量的变化,将电量或非电量信号转化为电磁力或使输出状态发生阶跃变化,从而通过其触头或突变量促使在同一电路或另一电路中的其他器件或装置动作的一种控制元件。它用于各种控制电路中进行信号传递、放大、转换、联锁等,控制主电路和辅助电路中的器件或设备按预定的动作程序进行工作,实现自动控制和保护的目的。常用的继电器按动作原理分为电磁式、磁电式、感应式、电动式、光电式、压电式、电子式与热继电器等;按反应的参数(动作信号)分为电压、电流、时间、速度、温度、压力继电器等;按用途可分为控制继电器和保护继电器。其中电磁式继电器应用最为广泛。

1.3.1　电磁式继电器的基本知识

1. 电磁式继电器的结构和工作原理

一般来说,继电器主要由测量环节、中间机构和执行机构三部分组成。继电器通过测量环节输入外部信号(比如电压、电流等电量或温度、压力、速度等非电量)并传递给中间机构,将它与设定值(即整定值)进行比较,当达到整定值时(过量或欠量),中间机构就使执行机构产生输出动作,从而闭合或分断电路,达到控制电路的目的。电磁式继电器是应用最早、最多的一种形式,其结构和工作原理与接触器大体相似,如图 1-13 所示。电磁式继电器由电磁系统、触头系统和释放弹簧等组成,由于继电器用于控制电路,流过触头的电流比较小(一般 5 A 以下),故不需要灭弧装置。

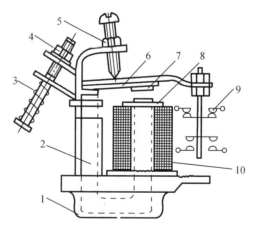

1—底座;2—铁芯;3—释放弹簧;4,5—调节螺母;6—衔铁;
7—非磁性垫片;8—极靴;9—触头系统;10—线圈。

图 1-13　电磁式继电器的典型结构

2. 电磁式继电器的分类

电磁式继电器按用途不同可分为控制继电器、保护继电器、通信继电器和安全继电器等;按输入信号不同可分为电压继电器、电流继电器、时间继电器、速度继电器和温度继电器;按线圈电流种类不同可分为交流继电器和直流继电器。

3. 电磁式继电器的特性及主要参数

（1）电磁式继电器的特性

继电器的特性是指继电器的输出量随输入量变化的关系，即输入-输出特性。电磁式继电器的特性就是电磁机构的继电特性，如图1-14所示。图中 x_0 为继电器的动作值（吸合值），x_1 为继电器的复归值（释放值），这两个值为继电器的动作参数。

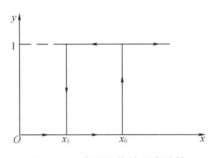

图1-14 电磁机构的继电特性

（2）继电器的主要参数

①额定参数。继电器的线圈和触头在正常工作时允许的电压值或电流值称为继电器额定电压或额定电流。

②动作参数。动作参数包括继电器的吸合值与释放值。对于电压继电器有吸合电压 U_o 与释放电压 U_r；对于电流继电器有吸合电流 I_o 与释放电流 I_r。

③整定值。根据控制要求，对继电器的动作参数进行人工调整的数值称为整定值。

④返回参数。返回参数是指继电器的释放值与吸合值的比值，用 K 表示。可通过调节释放弹簧或调节铁芯与衔铁之间非磁性垫片的厚度来达到所要求的 K 值。不同场合要求不同的 K 值，如对一般继电器要求具有低的返回系数，K 值应在 0.1~0.4 之间，这样当继电器吸合后，输入量波动较大时不致引起误动作；欠电压继电器则要求高的返回系数，K 值应在 0.6 以上。如某电压继电器 $K = 0.66$，吸合电压为额定电压的 90%，则释放电压为额定电压的 60% 时，继电器就释放，从而起到欠电压保护作用。返回系数反映了继电器吸力特性与反力特性配合的紧密程度，是电压和电流继电器的主要参数。

⑤动作时间。动作时间有吸合时间和释放时间两种。吸合时间是指从线圈接受电信号起，到衔铁完全吸合止所需的时间；释放时间是从线圈断电到衔铁完全释放所需的时间。一般电磁式继电器动作时间为 0.05~0.20 s，动作时间小于 0.05 s 为快速动作继电器，动作时间大于 0.20 s 为延时动作继电器。

1.3.2 电磁式电压继电器、电流继电器与中间继电器

电磁式继电器反映的是电信号，当线圈反映电压信号时为电压继电器，当线圈反映电流信号时为电流继电器。其在结构上的区别主要在线圈上，电压继电器的线圈匝数多、导线细，而电流继电器的线圈匝数少、导线粗。

1. 电磁式电压继电器

电磁式电压继电器线圈并接在电路电压上，用于反映电路电压大小。其触头的动作与线圈电压大小直接相关，在电力拖动控制系统中起电压保护和控制作用。按吸合电压相对

其额定电压大小可分为过电压继电器和欠电压继电器。过电压继电器在电路中用于过电压保护。当线圈为额定电压时,衔铁不吸合,当线圈电压高于额定电压时,衔铁才吸合,当线圈所接电路电压降低到继电器释放电压时,衔铁返回释放状态,相应触头也返回原来状态。所以,过电压继电器释放值小于动作值,其电压返回系数 $K_v < 1$,规定当 $K_v > 0.65$ 时,称之为高返回系数继电器。

由于直流电路一般不会出现过电压,所以在电器产品中没有直流过电压继电器。交流过电压继电器吸合电压调节范围 $U_o = (1.05 \sim 1.2) U_N$,$U_N$ 为额定电压。

欠电压继电器在电路中用于欠电压保护。当线圈电压低于其额定电压时衔铁就吸合,而当线圈电压很低时衔铁才释放。一般直流欠电压继电器吸合电压 $U_o = (0.3 \sim 0.5) U_N$,释放电压 $U_r = (0.07 \sim 0.2) U_N$。交流欠电压继电器的吸合电压与释放电压的调节范围分别为 $U_o = (0.6 \sim 0.85) U_N$,$U_r = (0.1 \sim 0.35) U_N$。由此可见,欠电压继电器的返回系数 K_v 很小。

电压继电器的符号如图 1-15 所示。

图 1-15　电压继电器的符号

2. 电磁式电流继电器

电磁式电流继电器线圈串接在电路中,用来反映电路电流的大小,触头的动作与否与线圈电流大小直接相关。电磁式电流继电器按线圈电流种类可分为交流电流继电器与直流电流继电器;按吸合电流大小可分为过电流继电器和欠电流继电器。

过电流继电器正常工作时,线圈流过负载电流,即便是流过额定电流,衔铁仍处于释放状态,而不被吸合;当流过线圈的电流超过额定负载电流一定值时,衔铁才被吸合,从而带动触头动作,其常闭触头断开,分断负载电路,起过电流保护作用。通常,交流过电流继电器的吸合电流 $I_o = (1.1 \sim 3.5) I_N$(I_N 为额定电流),直流过电流继电器的吸合电流 $I_o = (0.75 \sim 3) I_N$。由于过电流继电器在出现过电流时才有衔铁吸合动作,带动触头切断电路,故过电流继电器无释放电流值。

欠电流继电器正常工作时,继电器线圈流过负载额定电流,衔铁吸合;当负载电流降低至继电器释放电流时,衔铁释放,带动触头动作。欠电流继电器在电路中起欠电流保护作用,所以常将欠电流继电器的常开触头接于电路中,当继电器欠电流释放时,常开触头断开电路起保护作用。在直流电路中,由于某种原因而引起的负载电流的降低或消失,往往会导致严重的后果,如直流电动机的励磁回路电流过小会使电动机发生超速,带来危险,因此在电器产品中有直流欠电流继电器,而对于交流电路则无欠电流保护,也就没有交流欠电流继电器了。直流欠电流继电器的吸合电流与释放电流调节范围分别为 $I_o = (0.3 \sim 0.65) I_N$,$I_r = (0.1 \sim 0.2) I_N$。电流继电器的符号如图 1-16 所示。

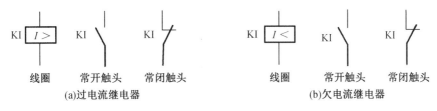

图 1-16　电流继电器的符号

3. 电磁式中间继电器

电磁式中间继电器实质上是一种电磁式电压继电器,其特点是触头数量较多,在电路中起增加触头数量和中间放大作用。由于中间继电器只要求线圈电压为零时能可靠释放,对动作参数无要求,故中间继电器没有调节装置。电磁式中间继电器按线圈电压种类不同可分为直流中间继电器和交流中间继电器两种。有的电磁式直流继电器,更换不同电磁线圈后便可成为直流电压、直流电流及直流中间继电器,若在铁芯柱上套有阻尼铜套,又可成为电磁式时间继电器。因此,这类继电器具有通用性,又称为通用继电器。中间继电器的符号如图 1-17 所示。

图 1-17　中间继电器的符号

4. 常用典型电磁式继电器简介

常用的直流电磁式通用继电器有 JT3、JT9、JT10、JT18 等系列。

常用的电磁式中间继电器有 JZ7、JDZ2、JZ14 等系列。

常用的电磁式交、直流电流继电器有 JL3、JL14、JL15 等系列。

5. 电磁式继电器的选用

(1)使用类别的选用。继电器的典型用途是控制接触器的线圈,即控制交、直流电磁铁。按规定,继电器的使用类别有 AC-1l 控制交流电磁铁负载与 DC-1l 控制直流电磁铁负载两种。

(2)额定工作电流与额定工作电压的选用。继电器在对应使用类别下,继电器的最高工作电压为继电器的额定绝缘电压,继电器的最高工作电流应小于继电器的额定发热电流。选用继电器电压线圈的电压种类和额定电压时,应与系统电压种类和电压一致。

(3)工作制的选用。继电器工作制应与其使用场合工作制一致,且实际操作频率应低于继电器额定操作频率。

(4)继电器返回系数的调节。应根据控制要求来调节电压和电流继电器的返回系数。一般采用增加衔铁吸合后的气隙、减小衔铁打开后的气隙或适当放松释放弹簧等措施来达到增大返回系数的目的。

1.3.3 时间继电器

输入信号后,经一定的延时才有输出信号的继电器称为时间继电器。对于电磁式时间继电器,当电磁线圈通电或断电后,经一段时间延时触头状态才发生变化,即延时触头才动作。时间继电器种类很多,常用的有电磁阻尼式、空气阻尼式、电动机式和电子式等。时间继电器按延时方式可分为通电延时型和断电延时型。通电延时型在接收输入信号后延迟一定时间,输出信号才发生变化,在输入信号消失后,输出瞬时复原。断电延时型在接收输入信号后,瞬时产生相应的输出信号,在输入信号消失后,延迟一定时间,输出信号才复原。这里仅介绍利用电磁原理工作的直流电磁式时间继电器、空气阻尼式时间继电器与晶体管时间继电器。

1. 直流电磁式时间继电器

直流电磁式时间继电器是在电磁式电压继电器铁芯上套一个阻尼铜套,如图 1-18 所示。当电磁线圈接通电源时,在阻尼铜套内产生感应电动势,流过感应电流。在感应电流作用下产生的磁通阻碍穿过铜套的原磁通变化,因而对原磁通起阻尼作用,使磁路中的原磁通增加缓慢,达到吸合磁通的时间加长,衔铁吸合时间延后,触头也延时动作。由于电磁线圈通电前,衔铁处于打开位置,磁路气隙大,磁阻大,磁通小,阻尼铜套作用也小,因此衔铁吸合时的延时只有 0.1~0.5 s,延时作用可不计。但当衔铁已处于吸合位置,

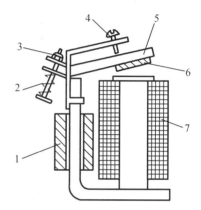

1—阻尼铜套；2—释放弹簧；3,4—调节螺钉；
5—衔铁；6—非磁性垫片；7—电磁线圈。

图 1-18　直流电磁式时间继电器

在切断电磁线圈直流电源时,因磁路气隙小,磁阻小,磁通大,铜套的阻尼作用大,故电磁线圈断电后衔铁延时释放,相应触头延时动作,线圈断电获得的延时可达 0.3~5.0 s。直流电磁式时间继电器延时的长短可通过改变铁芯与衔铁间非磁性垫片的厚薄（粗调）或改变释放弹簧的松紧（细调）来调节。垫片厚则延时短,垫片薄则延时长；释放弹簧紧则延时短,释放弹簧松则延时长。直流电磁式时间继电器具有结构简单、寿命长、允许通电次数多等优点,但仅适用于直流电路,若用于交流电路需加整流装置。直流电磁式时间继电器仅能获得断电延时,且延时短,延时精度不高。

2. 空气阻尼式时间继电器

空气阻尼式时间继电器由电磁机构、延时机构和触头系统三部分组成。它利用空气阻尼原理达到延时的目的,可分为通电延时型和断电延时型两种,二者外观区别在于：当衔铁位于铁芯和延时机构之间时为通电延时型,当铁芯位于衔铁和延时机构之间时为断电延时型。图 1-19 为 JS7-A 系列空气阻尼式时间继电器结构原理图。通电延时型时间继电器的工作原理：当线圈 1 通电后,衔铁 3 吸合,活塞杆 6 在塔形弹簧 7 的作用下带动活塞 13 及橡皮膜 9 向上移动,橡皮膜下方空气室内的空气变得稀薄,形成负压,活塞杆只能缓慢移动,其移动速度由进气孔气隙大小决定。经一段延时后,活塞杆通过杠杆 15 压动微动开关 14,使

其触头动作,起到通电延时作用。当线圈断电时,衔铁释放,橡皮膜下方的空气室内的空气通过活塞肩部所形成的单向阀迅速排出,使活塞杆、杠杆、微动开关迅速复位。由线圈通电至触头动作的一段时间即为时间继电器的延时时间,延时长短可通过调节螺钉11调节进气孔气隙大小来改变。微动开关16在线圈通电或断电时,在推板5的作用下都能瞬时动作,其触头为时间继电器的瞬动触头。空气阻尼式时间继电器延时有0.4~180 s和0.4~60 s两种规格,具有延时范围较宽、结构简单、价格低廉、工作可靠、寿命长等优点,是机床电气控制线路中常用的时间继电器。但其延时精度较低,没有调节指示,适用于延时精度要求不高的场合。

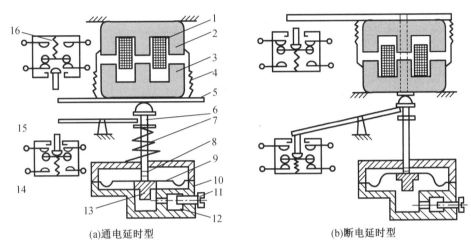

(a)通电延时型　　　　　　　(b)断电延时型

1—线圈;2—铁芯;3—衔铁;4—反力弹簧;5—推板;6—活塞杆;7—塔形弹簧;8—弱弹簧;9—橡皮膜;
10—空气室壁;11—调节螺钉;12—进气孔;13—活塞;14,16—微动开关;15—杠杆。

图 1-19　JS7-A 系列空气阻尼式时间继电器结构原理图

3. 晶体管时间继电器

晶体管时间继电器又称为半导体式时间继电器或电子式时间继电器。晶体管时间继电器除执行继电器外,均由电子元件组成,没有机械部件,因而具有寿命长、精度高、体积小、延时范围大、调节范围宽、控制功率小等优点。

晶体管时间继电器按构成原理分为阻容式和数字式,按延时方式分为通电延时型、断电延时型和带瞬动触头的通电延时型。下面以具有代表性的JS20系列为例,介绍晶体管时间继电器的结构和工作原理。JS20系列时间继电器采用插座式结构,其所有元器件均装在印制电路板上,然后用螺钉使之与插座紧固,再装入塑料罩壳,组成本体部分,在罩壳顶面装有铭牌和整定电位器的旋钮。铭牌上有该时间继电器最大延时时间的十等分刻度,使用时旋动旋钮即可调整延时时间。继电器上有指示灯,当继电器吸合后指示灯亮。外接式的整定电位器不装在继电器的本体内,而用导线引接到所需的控制板上,安装方式有装置式和面板式两种。装置式备有带接线端子的胶木底座,它与继电器本体部分采用插接连接,并用扣攀锁紧,以防松动;面板式可直接把时间继电器安装在控制台的面板上,它与装置式的结构大体相同,只是采用8脚插座代替装置式的胶木底座。JS20系列晶体管时间继电器所采用的电路有单结晶体管电路和场效应管电路两类。JS20系列晶体管时间继电器有通

电延时型、断电延时型和带瞬动触头的通电延时型三种。延时等级对于通电延时型分为
1 s、5 s、10 s、30 s、60 s、120 s、180 s、300 s、600 s、1 800 s、3 600 s，对于断电延时型分为 1 s、
5 s、10 s、30 s、60 s、120 s、180 s 等。图 1-20 为采用场效应管的 JS20 系列通电延时型继电
器电路图，它由稳压电源、RC 充放电电路、电压鉴别电路、输出电路和指示电路等部分
组成。

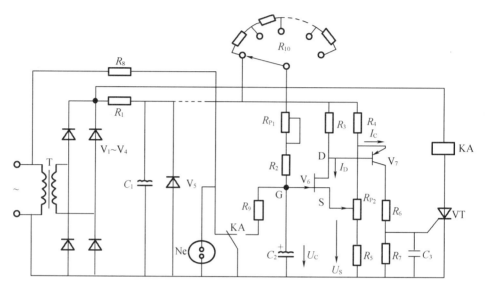

图 1-20　采用场效应管的 JS20 系列通电延时型继电器电路图

电路工作原理：接通交流电源，经整流、滤波和稳压后，直流电压经波段开关上的电阻
R_{10}、R_{P_1}、R_2 向电容 C_2 充电。开始时 V_6 场效应晶体管截止，晶体管 V_7、晶闸管 V_T 也处于截
止状态。随着充电的进行，电容器 C_2 上的电压由零按指数曲线上升，直至 U_C 上升到 | U_C -
U_S | < | U_P | 时 V_7 导通。这是由于 I_D 在 R_3 上产生电压降，漏板（D）电位开始下降，一旦漏板
（D）电位降低到 V_7 的发射极电位以下时，V_7 导通。V_7 的集电极电流 I_C 在 R_4 上产生压降，
使场效应晶体管 V_6 的 U_S 降低，即负栅偏压越来越小。所以对 V_6 来说，R_4 起正反馈作用，使
V_7 导通，并触发晶闸管 V_T，使它导通，同时使继电器 KA 动作，输出延时信号。从时间继电
器接通电源，C_2 开始被充电到 KA 动作这段时间即为通电延时动作时间。KA 动作后，C_2 经
KA 常开触头对电阻 R_9 放电，同时氖泡 Ne 指示灯起辉，并使场效应晶体管 V_6 和晶体管 V_7
都截止，为下次工作做准备。但此时晶闸管 V_T 仍保持导通，除非切断电源，使电路恢复到
原来状态，继电器 KA 才释放。时间继电器的符号如图 1-21 所示。

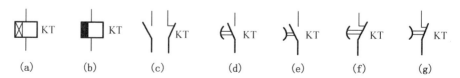

（a）通电延时型线圈；（b）断电延时型线圈；（c）瞬动触头；（d）通电延时闭合的常开（动合）触头；
（e）断电延时断开的常开（动合）触头；（f）通电延时断开的常闭（动断）触头；（g）断电延时闭合的常闭（动断）触头。

图 1-21　时间继电器的符号

JS20 系列晶体管时间继电器型号含义：

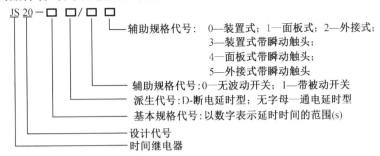

辅助规格代号：0—装置式；1—面板式；2—外接式；
　　　　　　　　3—装置式带瞬动触头；
　　　　　　　　4—面板式带瞬动触头；
　　　　　　　　5—外接式带瞬动触头
辅助规格代号：0—无波动开关；1—带被动开关
派生代号：D—断电延时型；无字母—通电延时型
基本规格代号：以数字表示延时时间的范围(s)
设计代号
时间继电器

4. 时间继电器的选用

（1）根据控制电路的控制要求选择时间继电器的延时类型。

（2）根据对延时精度的要求选择时间继电器的类型。对延时精度要求不高的场合，一般选用电磁式或空气阻尼式时间继电器；对延时精度要求高的场合，应选用晶体管式或电动机式时间继电器。

（3）应考虑环境温度变化的影响。在环境温度变化较大的场合，不宜采用晶体管式时间继电器。

（4）应考虑电源参数变化的影响。对于电源电压波动大的场合，选用空气阻尼式比晶体管式好；而在电源频率波动大的场合，不宜选用电动机式时间继电器。

（5）考虑延时触头种类、数量和瞬动触头种类、数量是否满足控制要求。

1.3.4　热继电器

热继电器是利用电流流过发热元件产生热量来使检测元件受热弯曲，进而推动机构动作的一种保护电器。由于发热元件具有热惯性，因此在电路中不能用于瞬时过载保护，更不能用于短路保护，主要用于电动机的长期过载保护。在电力拖动控制系统中应用最广的是双金属片式热继电器。

1. 电气控制对热继电器性能的要求

（1）应具有合理可靠的保护特性。热继电器主要用于电动机的长期过载保护。电动机的过载特性是一条如图 1-22 曲线 1 所示的反时限特性，为适应电动机的过载特性，且能起到过载保护作用，要求热继电器具有形同电动机过载特性的反时限特性。这条特性是流过热继电器发热元件的电流与热继电器触头动作时间的关系曲线，称为热继电器的保护特性，如图 1-22 中曲线 2 所示。考虑各种误差的影响，电动机的过载特性与热继电器的保护特性是一条曲带，误差越大，曲带越宽。从安全角度出发，热继电器的保护特性应处于电动机过载特性下方并相邻近。这样，当发生过载时，热继电器就在电动机未达到其允许过载之前动作，切断电动机电源，实现过载保护。

（2）具有一定的温度补偿。当环境温度变化时，热继电器检测元件受热弯曲而存在误差，为补偿由温度引起的误差，应具有温度补偿装置。

（3）热继电器动作电流可以方便调节。为减小热继电器热元件的规格，热继电器动作电流可在热元件额定电流 66%～100% 范围内调节。

（4）具有手动复位与自动复位功能。热继电器动作后，可在 2 min 内按下手动复位按钮进行复位，也可在 5 min 内可靠地自动复位。

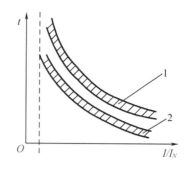

1—电动机的过载特性；2—热继电器的保护特性。

图 1-22　热继电器保护特性与电动机过载特性的配合

2. 双金属片热继电器的结构及工作原理

双金属片热继电器主要由热元件、主双金属片、触头系统、动作机构、复位按钮、电流整定装置和温度补偿元件等部分组成，如图 1-23 所示。双金属片是热继电器的感测元件，它是由两种线胀系数不同的金属片以机械辗压的方式成为一体而制成的，其中线胀系数大的称为主动片，线胀系数小的称为被动片，而环绕其上的电阻丝串接于电动机定子电路中，内部流过电动机定子线电流，反映电动机过载情况。电流的热效应，使双金属片变热并产生线膨胀，于是双金属片向被动片一侧弯曲。当电动机正常运行时，热元件产生的热量虽能使双金属片弯曲，但还不足以使热继电器的触头动作。只有当电动机长期过载时，过载电流流过热元件，使双金属片弯曲位移增大，经一定时间后，双金属片弯曲到推动导板 3，并通过补偿双金属片 4 与推杆 6 将静触头 7 与动触头 8 分开。此常闭触头串接于接触器线圈电路中，触头分开后，接触器线圈断电，接触器主触头断开，切断电动机定子绕组电源，实现电动机的过载保护。调节凸轮 10 用来改变补偿双金属片与导板间的距离，达到调节整定动作电流的目的。此外，调节复位螺钉 5 来改变常开触头的位置，使继电器处于手动复位或自动复位两种工作状态。调试手动复位时，在故障排除后需按下复位按钮 9 才能使常闭触头闭合。补偿双金属片可在规定范围内补偿环境温度对热继电器的影响。当环境温度变化时，主双金属片与补偿双金属片同时向同一方向弯曲，使导板与补偿双金属片之间的推动距离保持不变。这样，继电器的动作特性将不受环境温度变化的影响。

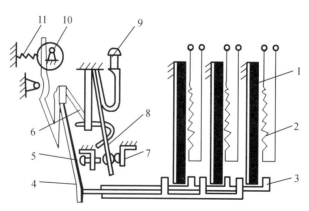

1—主双金属片；2—电阻丝；3—导板；4—补偿双金属片；5—螺钉；6—推杆；7—静触头；
8—动触头；9—复位按钮；10—调节凸轮；11—弹簧。

图 1-23　双金属片式热继电器结构原理图

3. 具有断相保护的热继电器

三相感应电动机运行时,若发生一相断路,流过电动机各相绕组的电流将发生变化,其变化情况将与电动机三相绕组的接法有关。如果热继电器保护的三相电动机是星形接法,当发生一相断路时,另外两相线电流增加很多,由于此时线电流等于相电流,流过电动机绕组的电流就是流过热继电器热元件的电流,因此,采用普通的两相或三相热继电器就可实现过载保护。如果电动机是三角形联结,在正常情况下,线电流是相电流的$\sqrt{3}$倍,串接在电动机电源进线中的热元件按电动机额定电流即线电流来整定。如果发生一相断路,如图1-24 所示电路,当电动机仅为 0.58 倍额定负载时,流过跨接于全电压下的一相绕组的相电流 I_{p3} 等于 1.15 倍额定相电流,而流过两相绕组串联的电流 $I_{p1}=I_{p2}$,仅为 0.58 倍的额定相电流。此时未断相的那两相线电流正好为额定线电流,接在电动机进线中的热元件因流过额定线电流,热继电器不动作,但流过全压下的一相绕组已流过 1.15 倍额定相电流,时间一长便有过热烧毁的危险,如图1-24 所示。所以三角形接法的电动机必须采用带断相保护的热继电器来对电动机进行长期过载保护。带有断相保护的热继电器是将热继电器的导板改成差动机构而成的,如图1-25 所示。

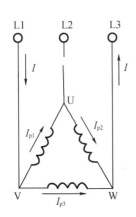

图1-24　电动机是三角形联结,U 相断线时的电流分析

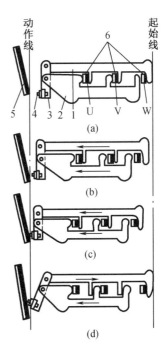

1—上导板;2—下导板;3—杠杆;4—顶头;
5—补偿双金属片;6—主双金属片。

图1-25　差动式断相保护机构及工作原理

差动机构由上导板 1、下导板 2 及装有顶头 4 的杠杆 3 组成,它们之间均用转轴连接。其中,图1-25(a)为未通电时导板的位置;图1-25(b)为热元件流过正常工作电流时的位置,此时三相双金属片都受热向左弯曲,但弯曲的挠度不够,所以下导板向左移动一小段距离,顶头 4 尚未碰到补偿双金属片 5,继电器不动作;图1-25(c)为电动机三相同时过载的情况,三相双金属片同时向左弯曲,推动下导板向左移动,通过杠杆 3 使顶头 4 碰到补偿双金属片 5 的端部,使继电器动作;图 1-25(d)为 W 相断路时的情况,这时 W 相双金属片冷却,补偿双金属片 5 的端部向右弯曲,推动上导板向右移,而另外两相补偿双金属片仍受热,其端部向左弯曲并推动下导板继续向左移动。这样上、下导板的一右一左移动,产生了差动作用,通过杠杆的放大作用,迅速推动补偿双金属片 5,使继电器动作。由于差动作用,继电器在断相故障时加速动作,保护电动机。

4. 热继电器典型产品及主要技术参数

常用的热继电器有 JR20、JRS1、JR36、JR21、3UA5、3UA6、LR1-D、T 系列。后四种是引入国外技术生产的。JR20 系列具有断相保护、温度补偿、整定电流值可调、手动脱扣、自动复位、动作后的信号指示等作用,根据其与交流接触器的安装方式不同可分为分立结构和组合式结构,可通过导电杆与挂钩直接插接,电气连接在 CJ20 接触器上。引进的 T 系列热继电器常与 B 系列接触器组合成电磁启动器。

热继电器的主要技术参数有额定电压、额定电流、相数、发热元件规格、整定电流和刻度电流调节范围等。热继电器的符号如图 1-26 所示。

(a)热元件   (b)常闭触头

图 1-26 热继电器的符号

JR20 系列型号含义:

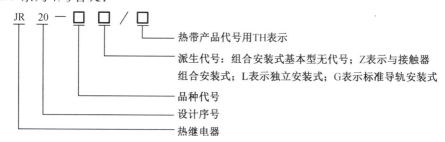

5. 热继电器的选用

热继电器主要用于电动机的过载保护,选用时应根据使用条件、工作环境、电动机型式及其运行条件和要求、电动机启动情况及负荷情况综合考虑。

(1)热继电器有三种安装方式,即独立安装式(通过螺钉固定)、导轨安装式(在标准安装导轨上安装)和插接安装式(直接挂接在与其配套的接触器上),应根据实际安装情况选择安装形式。

(2)原则上热继电器的额定电流应按电动机的额定电流选择,但对于过载能力较差的电动机,其配用的热继电器的额定电流应适当小些,通常选取热继电器的额定电流(实际上是选取热元件的额定电流)为电动机额定电流的 60%~80%。

(3)在不频繁启动的场合,要保证热继电器在电动机启动过程中不产生误动作。当电动机启动电流为其额定电流的 6 倍及以下,启动时间不超过 5 s 时,若很少连续启动,可按电动机额定电流选用热继电器。当电动机启动时间较长时,不宜采用热继电器,而应采用过电流继电器来保护。

（4）对于采用三角形连接的电动机,应选用带断相保护装置的热继电器。

（5）当电动机工作于重复短时工作制时,要注意确定热继电器的允许操作频率。因为热继电器的操作频率是很有限的,操作频率较高时,热继电器的动作特性会变差,甚至不能正常工作。对于频繁正反转和频繁通断的电动机,不宜采用热继电器作为保护,可选用埋入电动机绕组的温度继电器或热敏电阻来保护。

1.3.5　速度继电器

速度继电器是利用电动机的转速信号依据电磁感应原理控制触头动作的电器。它主要用于将转速的快慢转换成电路通断信号,与接触器配合完成对电动机反接制动控制,亦称为反接制动继电器。其结构主要由定子、转子和触头系统三部分组成,定子是一个笼型空心圆环,由硅钢片叠成,并嵌有笼型导条;转子是一个圆柱形永久磁铁;触头系统有正向运转时动作和反向运转时动作的触头各一组,每组又各有一对常闭和一对常开触头,如图1-27所示。

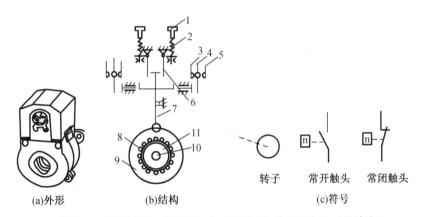

(a)外形　　(b)结构　　(c)符号

1—螺钉;2—反力弹簧;3—常闭触头;4—动触头;5—常开触头;6—返回杠杆;
7—杠杆;8—笼型导条;9—定子;10—转轴;11—转子。

图1-27　速度继电器外形、结构和符号图

使用时,继电器转子的转轴10与电动机轴相连接,定子9空套在转子外围。当电动机启动旋转时,继电器转子11随之转动,永久磁铁的静止磁场就成了旋转磁场。定子9内的笼型导条8因切割磁场而产生感应电动势,形成感应电流,并在磁场作用下产生电磁转矩,使定子9随转子11旋转同方向转动,但因有返回杠杆6挡住,故定子9只能随转子11旋转方向做一偏转。当定子9偏转到一定角度时,在杠杆7的作用下,常闭触头断开而常开触头闭合。杠杆7在推动触头的同时也压缩相应的反力弹簧2,其反作用力阻止定子9偏转。当电动机转速下降时,继电器转子11的转速也随之下降,笼型导条8中的感应电动势、感应电流、电磁转矩均减小。当继电器转子11的转速下降到一定值时,电磁转矩小于反力弹簧2的反作用力矩,定子9返回原位,继电器触头恢复到原来状态。调节螺钉1的松紧,可调节反力弹簧2的反作用力的大小,也就调节了触头动作所需的转子11的转速。一般速度继电器触头的动作转速为140 r/min左右,触头的复位转速为100 r/min。当电动机正向运转时,定子9偏转使正向常开触头5闭合,常闭触头3断开,同时接通和断开与它们相连的电路。当正向旋转速度接近零时,定子9复位,使常开触头5断开,常闭触头3闭合,同时与二者相连的电路也改变状态。当电动机反向运转时,定子9向反方向偏转,使反向动作触头动作,情况与正向时相同。

常用的速度继电器有JY1和JFZ0系列。JY1系列可在700~3 600 r/min范围内可靠工作。JFZ0-1型适用于300~1 000 r/min;JFZ0-2型适用于1 000~3 600 r/min,它们具有两对常开、常闭触头,触头额定电压为380 V,额定电流为2 A。速度继电器主要根据电动机的额定转速、控制要求选择。常见速度继电器的故障是电动机停车时不能制动停转,其原因可能是触头接触不良或摆锤断裂,导致无论转子怎样转动触头都不动作,此时,更换摆锤或触头即可。

任务1.4 熔断器的选用

熔断器是一种当电流超过规定值一定时间后,以它本身产生的热量使熔体熔化而分断电路的电器,广泛应用于低压配电系统、控制系统及用电设备中作为短路和过电流保护。

1.4.1 熔断器的结构及工作原理

熔断器主要由熔体、熔断管(座)、填料及导电部件等组成。熔体是熔断器的主要部分,常做成丝状、片状、带状或笼状。其材料有两类:一类为低熔点材料,如铅、锡合金,锑、铝合金,锌等;另一类为高熔点材料,如银、铜、铝等。熔断器接入电路时,熔体串接在电路中,负载电流流经熔体,当电路发生短路或过电流时,通过熔体的电流使其发热,当达到熔体金属熔化温度时就会自行熔断,其间伴随着燃弧和熄弧过程,随之切断故障电路,起到保护作用。当电路正常工作时,熔体在额定电流下不应熔断,所以其最小熔化电流必须大于额定电流。熔断器的填料目前使用较多的是石英砂,它既是灭弧介质又能起到帮助熔体散热的作用。

1.4.2 熔断器的保护特性

熔断器的保护特性是指流过熔体的电流与熔体熔断时间的关系曲线,称为时间-电流特性曲线或安-秒特性曲线,如图1-28所示。图中I_{min}为最小熔化电流或称临界电流,当熔体电流小于临界电流时,熔体不会熔断。最小熔化电流I_{min}与熔体额定电流I_N之比称为熔断器的熔化系数,即$K=I_{min}/I_N$,当$K<1.5$时对小倍数过载保护有利,但K也不宜接近1,当$K=1$时,不仅熔体在I_N下工作温度会过高,而且还有可能因保护特性本身的误差而发

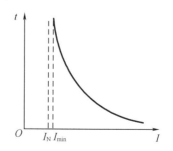

图1-28 熔断器的保护特性

生熔体在 I_N 下也熔断的现象,影响熔断器工作的可靠性。

当熔体采用低熔点的金属材料时,熔化时所需热量少,故熔化系数小,有利于过载保护;但材料电阻系数较大,熔体截面积大,熔断时产生的金属蒸气较多,不利于熄弧,故分断能力较低。当熔体采用高熔点的金属材料时,熔化时所需热量大,故熔化系数大,不利于过载保护,而且可能使熔断器过热;但这些材料的电阻系数低,熔体截面小,熔断时产生的金属蒸气较少,有利于熄弧,故分断能力高。因此,不同熔体材料的熔断器在电路中保护作用的侧重点是不同的。

1.4.3　熔断器的主要技术参数及典型产品

1.熔断器的主要技术参数

(1)额定电压:这是从灭弧的角度出发,熔断器长期工作时和分断后能承受的电压,其值一般大于或等于所接电路的额定电压。

(2)额定电流:熔断器长期工作,各部件温升不超过允许温升的最大工作电流。熔断器的额定电流有两种:一种是熔管额定电流,也称为熔断器额定电流;另一种是熔体的额定电流。熔管额定电流等级较少,而熔体额定电流等级较多,在一种电流规格的熔管内可安装几种电流规格的熔体,但熔体的额定电流最大不能超过熔管的额定电流。

(3)极限分断能力:熔断器在规定的额定电压和功率因数(或时间常数)条件下,能可靠分断的最大短路电流。

(4)熔断电流:通过熔体并使其熔化的最小电流。

2.熔断器的典型产品

熔断器的种类很多,按结构来分有半封闭瓷插式(RC)、螺旋式(RL)和无填料密封管式(RM)等,如图1-29所示。

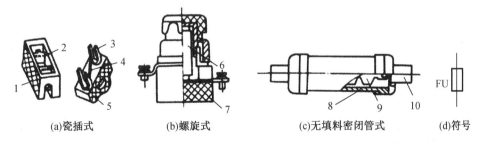

| (a)瓷插式 | (b)螺旋式 | (c)无填料密闭管式 | (d)符号 |

1—瓷底座;2—石棉垫;3—动触头;4—熔丝;5—瓷插件;6,9—熔体;7—底座;8—熔管;10—触刀。

图1-29　常用熔断器结构图及符号

按用途分有一般工业用熔断器、半导体保护用快速熔断器和特殊熔断器。典型产品有 RL6、RL7、RL96、RLS2 系列螺旋式熔断器,RLlB 系列带断相保护螺旋式熔断器,RTl8、RTl8-□X 系列熔断器以及 RTl4 系列有填料密封管式熔断器。此外,还有引进国外技术生产的 NT 系列有填料封闭式刀型触头熔断器与 NGT 系列半导体器件保护用熔断器等。

图1-30为螺旋式熔断器结构示意图。

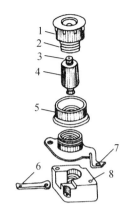

1—瓷帽；2—金属螺管；3—指示器；4—熔管；5—瓷管；6—下接线端；7—上接线端；8—瓷座。

图 1-30　螺旋式熔断器结构示意图

RL 系列型号含义：

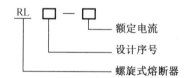

1.4.4　熔断器的选用

选用熔断器时主要是选择熔断器的类型、熔断器额定电压、额定电流和熔体额定电流。

（1）熔断器类型的选择。主要根据负载的保护特性和短路电流大小选择。用于保护照明电路和电动机的熔断器，一般考虑它们的过载保护，要求熔断器的熔化系数适当小些。对于大容量的照明线路和电动机，除过载保护外，还应考虑短路时的分断短路电流能力。

（2）熔断器额定电压的选择。熔断器的额定电压应大于或等于所接电路的额定电压。

（3）熔体、熔断器额定电流的选择。熔体额定电流大小与负载大小、负载性质有关。对于负载平稳无冲击电流的照明电路、电热电路等可按负载电流大小来确定熔体的额定电流。对于有冲击电流的电动机负载，为既起到短路保护作用，又保证电动机的正常启动，三相笼型电动机其熔断器熔体的额定电流为：对于一台不经常启动且启动时间不长的电动机的短路保护，熔体的额定电流 I_{RN} 应大于或等于 $1.5 \sim 2.5$ 倍电动机额定电流 I_{MN}，即 $I_{RN} \geqslant (1.5 \sim 2.5)I_{MN}$；对于频繁启动或启动时间较长的电动机，其系数应增加到 $3 \sim 3.5$；对于多台电动机的短路保护，熔体的额定电流应大于或等于其中最大容量电动机的额定电流 I_{MNmax} 的 $1.5 \sim 2.5$ 倍，再加上其余电动机额定电流的总和 $\sum I_{MN}$，即

$$I_{RN} \geqslant (1.5 \sim 2.5)I_{MNmax} + \sum I_{MN}$$

式中各电流的单位均为 A。轻载启动或启动时间较短时，式中系数取 1.5；重载启动或启动时间较长时，系数取 2.5。当熔体额定电流确定后，根据熔断器额定电流大于或等于熔体额定电流来确定熔断器额定电流。

任务 1.5 低压开关和低压断路器的选用

1.5.1 低压开关

低压开关又称低压隔离器,是低压电器中结构简单、应用广泛的一类手动电器,主要有刀开关、组合开关、用刀开关与熔断器组合成的胶盖瓷底刀开关、熔断器式刀开关,以及转换开关等。以下仅介绍 HK2 系列胶盖瓷底刀开关、HR5 系列熔断器刀开关与 HZ5 系列普通型组合开关。

1. HK2 系列胶盖瓷底刀开关

HK2 系列胶盖瓷底刀开关用作电路的隔离开关、小容量电路的电源开关和小容量电动机非频繁启动的操作开关,由熔丝、触刀、触头座、操作手柄、底座及上、下胶盖等组成,使用时进线座接电源端的进线,出线座接负载端导线,靠触刀与触点座的分合来接通和断开电路。HK2 系列型号含义:

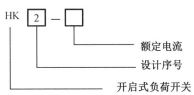

2. HR5 系列熔断器式刀开关

HR5 系列熔断器式刀开关用于有大短路电流的配电网络和电动机电路,用作电源开关、隔离开关,并可作为短路保护,主要由触头系统、熔体、灭弧室、底座、塑料防护盖等组成。本系列开关还具有弹簧储能快速关合机构及指示熔体通断的信号装置,其熔断器带有撞击器时,任一相熔体熔断后,撞击器弹出,通过横杆触动装在底板的微动开关,发出信号或切断接触器线圈电路,实现缺相保护。HR5 系列型号含义:

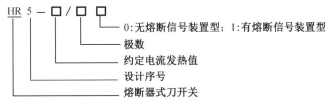

3. HZ5 系列普通型组合开关

HZ5 系列普通型组合开关由若干动触片和静触片分别装于数层绝缘件内组成,动触片安装在附有手柄的转轴上,可随转轴转动,实现动、静触片的分合。在组合开关上方安装有由滑板、凸轮、扭簧及手柄等部件构成的操作机构,由于该机构采用了扭簧储能,故可实现开关的快速闭合与分断,从而使触头闭合及分断速度与手柄操作速度无关。HZ5 系列普通型组合开关适用于电压为 380 V 及以下、额定电流为 60 A 及以下的电路,用于电源开关、控制电路的换接或对电动机启动、变速、停止及换向等。HZ5 系列型号含义:

4.刀开关的选用和安装

选用刀开关时首先根据刀开关的用途和安装位置选择合适的型号和操作方式,然后根据控制对象的类型和大小,计算出相负载电流大小,选择相应级额定电流的刀开关。刀开关在安装时必须垂直安装,使闭合操作时的手柄操作方向从下向上合,不允许平装或倒装,以防误合闸;电源进线应接在静触头一边的进线座,负载接在动触头一边的出线座;在分闸和合闸操作时,应动作迅速,使电弧尽快熄灭。刀开关和带熔断器的刀开关的符号如图1-31、图1-32 所示。

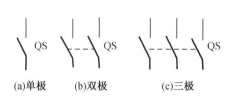

图 1-31　刀开关的符号

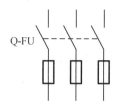

图 1-32　带熔断器的刀开关的符号

1.5.2　低压断路器

低压断路器又称自动空气开关,是一种既有手动开关作用又能自动进行欠电压、失电压、过载和短路保护的开关电器。低压断路器种类较多,按用途分有保护电动机用、保护配电线路用及保护照明线路用三种;按结构形式分有框架式和塑壳式两种;按极数分有单极、双极、三极和四极断路器四种。

1.低压断路器的结构和工作原理

低压断路器由触头系统、灭弧装置、各种脱扣器、自由脱扣机构和操作机构等部分组成。

(1)触头系统分主触头和辅助触头。主触头由耐弧合金制成,是断路器的执行元件,用来接通和分断主电路,为提高分断能力,其上装有灭弧装置。触头系统有常开、常闭辅助触头各一对,用于发出低压断路器接通或分断的指令。

(2)灭弧装置有由相互绝缘的镀铜钢片组成的灭弧栅片,便于在切断短路电流时,加速灭弧和提高断流能力。

(3)脱扣器是断路器的感测元件。当电路出现故障时,脱扣器感测到故障信号后,经自由脱扣机构使断路器主触头分断,从而起到保护作用。按接收故障不同,脱扣器分为以下几种:

①分励脱扣器。分励脱扣器是用于远距离使断路器断开电路的脱扣器,其实质是一个电磁铁。当需要断开电路时,操作人员按下跳闸按钮,分励电磁铁线圈通电,衔铁动作,使断路器跳闸切断电路。它只适用于远距离控制跳闸,对电路不起保护作用,当在工作场所发生人身触电事故时,可供远距离切断电源,进行保护。

②欠电压、失电压脱扣器。这是一个具有电压线圈的电磁机构,其线圈并接在主电路中,当主电路电压消失或降至一定值以下时,电磁吸力不足以继续吸持衔铁,在反力作用下,衔铁释放,衔铁顶板推动自由脱扣机构,将断路器主触头断开,实现欠电压与失电压保护。

③过电流脱扣器。其实质是一个电流线圈的电磁机构,电磁线圈串接在主电路中,流过负载电流,当正常电流通过时,产生的电磁吸力不足以克服反力,衔铁不被吸合;当电路出现瞬时过电流或短路电流时,吸力大于反力,使衔铁吸合并带动自由脱扣机构使断路器主触头断开,实现过电流与短路电流保护。

④热脱扣器。该脱扣器由热元件、双金属片组成,将双金属片热元件串接在主电路中,其工作原理与双金属片式热继电器相同,当过载到一定值时,由于温度升高,双金属片受热弯曲并带动自由脱扣机构,使断路器主触头断开,实现长期过载保护。

⑤自由脱扣机构和操作机构。自由脱扣机构是用来联系操作机构和主触头的机构,操作机构处于闭合位置时,也可操作分励脱扣机构进行脱扣,将主触头断开。操作机构是实现断路器闭合、断开的机构。通常电力拖动控制系统中的断路器采用手动操作机构,低压配电系统中的断路器有电磁铁操作机构和电动机操作机构两种。低压断路器的工作原理如图 1-33 所示。

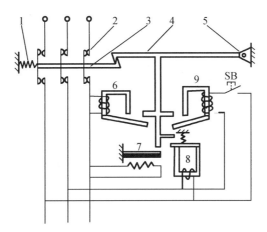

1—分闸弹簧;2—主触头;3—传动杆;4—锁扣;5—轴;6—过电流脱扣器;
7—热脱扣器;8—欠电压、失电压脱扣器;9—分励脱扣器。

图 1-33　低压断路器的工作原理图

图 1-33 中是一个三极低压断路器,三个主触头串接于三相电路中,按下启动按钮 SB 将其闭合,此时传动杆 3 由锁扣 4 钩住,保持主触头的闭合状态,同时分闸弹簧 1 已被拉伸。当主电路出现过电流故障且达到过电流脱扣器 6 的动作电流时,过电流脱扣器 6 的衔铁吸合,顶杆上移将锁扣 4 顶开,在分闸弹簧 1 的作用下使主触头断开。当主电路出现欠电压、失电压或过载时,则欠电压、失电压脱扣器和热脱扣器分别将锁扣顶开,使主触头断开。分励脱扣器可由主电路或其他控制电源供电,由操作人员发出指令使分励线圈通电,其衔铁吸合,将锁扣顶开,在分闸弹簧作用下使主触头断开,同时也使分励线圈断电,从而实现远距离控制。

2.低压断路器的主要技术数据和保护特性

(1)低压断路器的主要技术数据

①额定电压:断路器在电路中长期工作时的允许电压。

②断路器额定电流:脱扣器允许长期通过的电流,即脱扣器额定电流。

③断路器壳架等级额定电流:每一件框架或塑壳中能安装的最大脱扣器额定电流。

④断路器的通断能力：在规定操作条件下，断路器能接通和分断短路电流的能力。

⑤保护特性：断路器的动作时间与动作电流的关系曲线。

（2）保护特性

断路器的保护特性主要是指断路器长期过载和过电流保护特性，即断路器动作时间与热脱扣器和过电流脱扣器动作电流的关系曲线，如图 1-34 所示。图中 *ab* 段为过载保护特性，具有反时限；*df* 段为瞬时动作曲线，当故障电流超过 *d* 点对应电流时，过电流脱扣器便瞬时动作；*ce* 段为定时限延时动作曲线，当故障电流大于 *c* 点对应电流时，过电流脱扣器经短时延时后动作，延时长短由 *c* 点与 *d* 点对应的时间差决定。

根据需要，断路器的保护特性可以是两段式，如 *abdf*，既有过载延时又有短路瞬动保护；而 *abce* 则为过载长延时和短路延时保护。另外，还可有三段式的保护特性，如 *abcghf* 曲线，既有过载长延时和短路短延时，又有特大短路的瞬动保护。为达到良好的保护作用，断路器的保护特性应与被保护对象的发热特性有合理的配合，即断路器的保护特性 2 应位于被保护对象发热特性 1 的下方，并以此来合理选择断路器的保护特性。

3. 塑壳式低压断路器典型产品

塑壳式低压断路器根据用途分为配电用断路器、电动机保护用和其他负载用断路器，用作配电线路、电动机、照明电路及电热器等设备的电源控制开关及保护，常用的有 DZl5、DZ20、H、T、3VE、S 等系列，后四种是引进国外技术生产的产品。DZ20 系列断路器是全国统一设计的系列产品，适用于交流额定电压为 500 V 及以下、直流额定电压为 220 V 及以下、额定电流为 100~125 A 的电路中作为配电、线路及电源设备的过载、短路和欠电压保护；额定电流为 200 A 及以下和 400Y 型的断路器也可作为电动机的过载、短路和欠电压保护。低压断路器的符号如图 1-35 所示。

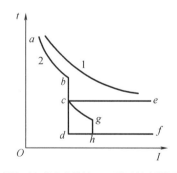

1—被保护对象的发热特性；2—低压断路器保护特性。

图 1-34　低压断路器的保护特性

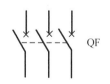

图 1-35　低压断路器的符号

4. 低压断路器的选用

（1）断路器额定电压大于或等于线路额定电压。

（2）断路器额定电流大于或等于线路或设备额定电流。

（3）断路器通断能力大于或等于线路中可能出现的最大短路电流。

（4）欠电压脱扣器额定电压等于线路额定电压。

（5）分励脱扣器额定电压等于控制电源电压。

（6）长延时电流整定值等于电动机额定电流。

(7)保护笼型感应电动机的断路器,瞬时整定电流为 8~15 倍电动机额定电流;保护绕线型感应电动机的断路器,瞬时整定电流为 3~6 倍电动机额定电流。

(8)6 倍长延时电流整定值的可返回时间大于或等于电动机实际启动时间。

使用低压断路器来实现短路保护要比熔断器性能更加优越,因为当三相电路发生短路时,很可能只有一相的熔断器熔断,造成单相运行。对于低压断路器,只要造成短路都会使开关跳闸,将三相电源全部切断,何况低压断路器还有其他自动保护作用,但它结构复杂、操作频率低、价格较高,适用于要求较高场合。

任务 1.6　主令电器的选用

主令电器主要用来接通或断开控制电路,以发布命令或信号,改变控制系统工作状态的电器。常用的主令电器有控制按钮、行程开关、万能转换开关等。

1.6.1　控制按钮

控制按钮是一种结构简单、应用广泛的主令电器,主要用于远距离操作具有电磁线圈的电器,如接触器、继电器等,也用在控制电路中发布指令和执行电气联锁。控制按钮一般由按钮、复位弹簧、触头和外壳等部分组成,其结构示意图如图 1-36 所示。每个按钮中的触头形式和数量可根据需要装配成一常开一常闭到六常开六常闭等形式。按下按钮时,先断开常闭触头,后接通常开触头;当松开按钮时,在复位弹簧作用下,常开触头先断开,常闭触头后闭合。控制按钮按保护形式分为开启式、保护式、防水式和防腐式等;按结构形式分为嵌压式、紧急式、钥匙式、带信号灯式、带灯揿钮式、带灯紧急式等;按钮颜色有红、黑、绿、黄、白、蓝等。

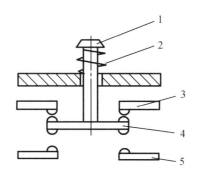

1—按钮;2—复位弹簧;3—常闭静触头;4—动触头;5—常开静触头。

图 1-36　控制按钮的结构示意图

按钮的主要技术参数有额定电压、额定电流、结构形式、触头数及按钮颜色等。常用的控制按钮交流电压为 380 V,额定工作电流为 5 A。常用的控制按钮有 LA18、LA19、LA20 及 LA25 等系列。控制按钮选用原则如下:

(1)根据使用场合选择控制按钮的种类,如开启式、防水式、防腐式等。

(2)根据用途选择控制按钮的结构形式,如钥匙式、紧急式、带灯式等。

(3)根据控制回路的需求确定按钮数,如单钮、双钮、三钮、多钮等。

（4）根据工作状态指示和工作情况的要求选择按钮及指示灯的颜色。

控制按钮的符号如图1-37所示。

(a)常开触头　　　　(b)常闭触头　　　　(c)复式触头

图1-37　控制按钮的符号

1.6.2　行程开关

依据生产机械的行程发出命令，以控制其运动方向和行程长短的主令电器称为行程开关。若将行程开关安装于生产机械行程的终点处，用以限制其行程，则称为限位开关或终端开关。行程开关按接触方式分为机械结构的接触式行程开关和电气结构的非接触式接近开关。机械结构的接触式行程开关是依靠移动机械上的撞块碰撞其可动部件使常开触头闭合、常闭触头断开来实现对电路控制的。当工作机械上的撞块离开可动部件时，行程开关复位，触头恢复其原始状态。行程开关按其结构可分为直动式、滚动式和微动式三种。直动式行程开关的结构原理如图1-38所示，它的动作原理与控制按钮相同。

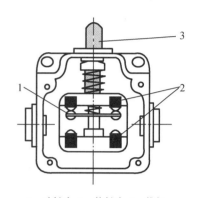

1—动触头；2—静触头；3—推杆

图1-38　直动式行程开关的结构原理

它的缺点是触头分合速度取决于生产机械的移动速度，当移动速度低于0.4 m/min时，触头分断太慢，行程开关易受电弧烧蚀。为此，应采用盘形弹簧瞬时动作的滚轮式行程开关，如图1-39所示。当滚轮1受到向左的外力作用时，上转臂2向左下方转动，推杆4向右转动，并压缩右边弹簧11，同时下面的滚轮5也很快沿着擒纵件6向右滚动，小滚轮滚动又压缩弹簧10，当滚轮5滚过擒纵件6的中点时，盘形弹簧3和弹簧10都使擒纵件迅速转动，从而使动触头迅速与右边静触头分开，并与左边静触头闭合，减少了电弧对触头的烧蚀，适用于低速运行的机械。微动开关是具有瞬时动作和微小行程的灵敏开关。图1-40为LX31型微动开关的结构示意图，当开关推杆6在机械作用下被压下时，弓簧片2产生变形，储存能量并产生位移，当达到临界点时，弓簧片连同桥式动触头瞬时动作。当外力失去后，推杆6在弓簧片2的作用下迅速复位，触头恢复原来状态。由于采用瞬动结构，故触头换接速度不受推杆6压下速度的影响。常用的行程开关有JLXK1、X2、LX3、LX5、LX12、LX19A、LX21、LX22、LX29、LX32系列，微动开关有LX31系列和JW型。行程开关的符号如图1-41所示。注意：限位开关的图形符号与行程开关相同，但文字符号用SQ表示。

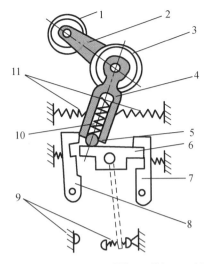

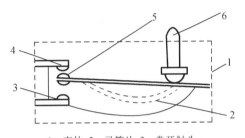

1—滚轮;2—上转臂;3—盘形弹簧;4—推杆;5—小滚轮;

6—擒纵件;7,8—压板;9—触头;10,11—弹簧。

图1-39   滚轮式行程开关

1—壳体;2—弓簧片;3—常开触头;

4—常闭触头;5—动触头;6—推杆。

图1-40   LX31微动开关的结构示意图

(a)常开触头   (b)常闭触头   (c)复式触头

图1-41   行程开关的符号

行程开关的选用原则如下:

(1)根据应用场合及控制对象选择开关。

(2)根据安装使用环境选择防护形式。

(3)根据控制回路的电压和电流选择行程开关系列。

(4)根据运动机械与行程开关的传力和位移关系选择行程开关的头部形式。

电气结构的非接触式行程开关,是当生产机械接近它到一定距离范围内时,它就发出信号,控制生产机械的位置或进行计数,故称接近开关,其内容可参考其他相关书籍。

1.6.3   万能转换开关

万能转换开关是由多组相同结构的触头组件叠装而成的多挡位、多回路的主令电器。它由操作机构、定位装置和触头系统三部分组成。典型的万能转换开关的结构示意图如图1-42所示。万能转换开关的符号及通断表如图1-43所示,符号中"每一横线"代表一路触头,三条竖的虚线代表手柄位置。哪一路触头接通就在代表该位置虚线上的触头下面用黑点"·"表示。触头通/断状态也可用通断表来表示,表中的"×"表示触头接通,空白表示触头分断。在每层触头底座上均可装三对触头,并由触头底座中的凸轮经转轴来控制这三对触头的通断。由于各层凸轮可做成不同的形状,因此用手柄将开关转至不同位置时,经凸轮的作用,可实现各层中的各触头按所规定的规律接通或断开,以适应不同的控制要求。常用的万能转换开关有 LW5、LW6、LWl2、LW15 等系列。它用于各种低压控制电路的转换、电气测量仪表的转换以及配电设备的遥控和转换,还可用于不频繁启动停止的小容量电动机的控制。

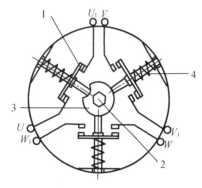

1—触头;2—转轴;3—凸轮;4—触头弹簧。

图 1-42　万能转换开关的结构示意图

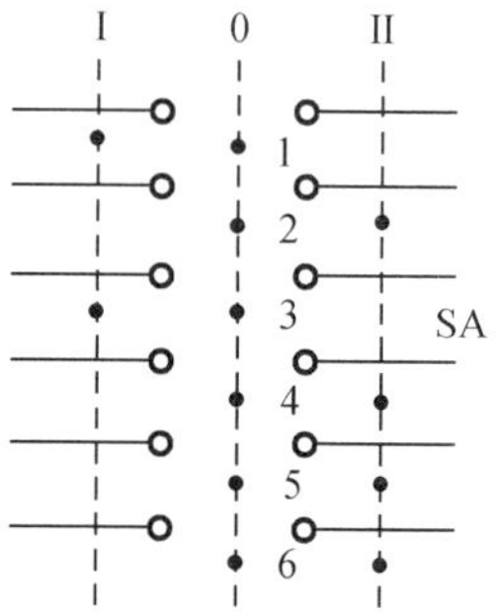

(a)图形符号及文字符号　　(b)通断表

图 1-43　万能转换开关的符号及通断表

触点号	I	0	II
1	×	×	
2		×	×
3	×	×	
4		×	×
5		×	×
6		×	×

万能转换开关的选用原则如下:

(1)按额定电压和工作电流选用相应的万能转换开关系列。

(2)按操作需要选定手柄形式和定位特征。

(3)按控制要求参照转换开关产品样本,确定触头数量和接线图编号。

(4)按用途选择面板形式及标志。

任务 1.7　交流接触器的识别与拆装

1.7.1　任务目的

(1)熟悉交流接触器外形和基本结构;

(2)掌握交流接触器的拆装方法、步骤和装配工艺。

1.7.2　任务设备、工具和仪器仪表

(1)工具:螺钉旋具、电工刀、尖嘴钳、斜口钳等。

(2)仪表:MF47 型万用表、ZC25-3 型兆欧表。

(3)器材:CJ20-20 型交流接触器一只。

1.7.3　任务内容与步骤

CJ20-20 型交流接触器的拆卸、检查、维修和装配如下:

1. 交流接触器的拆卸

交流接触器的结构示意图如图 1-44 所示。

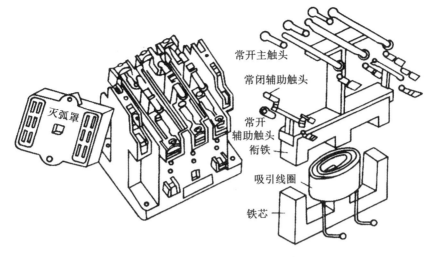

图 1-44 交流接触器的结构示意图

（1）卸下灭弧罩紧固螺钉，取下灭弧罩。

（2）拉紧主触头定位弹簧夹，取下主触头及主触头压力弹簧片。拆卸主触头时必须将主触头侧转 45°后取下。

（3）松开辅助常开静触头的线桩螺钉，取下常开静触头。

（4）松开接触器底部的盖板螺钉，取下盖板。在松开盖板螺钉时，要用手按住螺钉并慢慢放松。

（5）取下静铁芯缓冲绝缘纸片及静铁芯。

（6）取下静铁芯支架及缓冲弹簧。

（7）拔出线圈接线端的弹簧夹片，取下线圈。

（8）取下反作用弹簧。

（9）取下衔铁和支架。

（10）从支架上取下动铁芯定位销。

（11）取下动铁芯及缓冲绝缘纸片。

2. 交流接触器的检查与维修

（1）检查灭弧罩有无破裂或烧损，清除灭弧罩内的金属飞溅物和颗粒。

（2）检查触头的磨损程度，磨损严重时应更换触头；若不需要更换，则清除触头表面上烧毛的颗粒。

（3）清除铁芯端面的油垢，检查铁芯有无变形及端面接触是否平整。

（4）检查触头压力弹簧及反作用弹簧是否变形或弹力不足，如有需要则更换弹簧。触头压力的测量与调整：将一张厚约 0.1 mm、比触头稍宽的纸条夹在触头间，使触头处于闭合状态，用手拉纸条。若触头压力合适，稍用力纸条便可拉出，若纸条很容易被拉出，则说明触头压力不够，若纸条被拉断，则说明触头压力过大，可调整或更换触头弹簧，直到符合要求。

（5）检查电磁线圈是否有短路、断路及发热变色现象。

（6）用万用表欧姆挡检查线圈及各触头是否良好；用兆欧表测量各触头对地电阻是否

符合要求;用手按动主触头检查运动部分是否灵活,以防产生接触不良、振动和噪声。

3.交流接触器的装配

装配时按拆卸的相反顺序进行。

4.注意事项

(1)在交流接触器拆卸过程中,应将零件放入容器内,以防零件丢失。

(2)拆装过程中不允许硬撬,以免损坏电器。装配辅助静触头时,要防止卡住动触头。

(3)通电校验时,接触器应固定在控制板上,并有教师监护,以确保用电安全;通电校验过程中要均匀、缓慢地改变调压变压器的输出电压,以使测量结果尽量准确。

任务 1.8　热继电器的调整

1.8.1　任务目的

(1)熟悉热继电器的结构和工作原理;

(2)学会热继电器的使用和校验调整方法。

1.8.2　任务设备与器材

(1)工具:螺钉旋具、电工刀、尖嘴钳、钢丝钳等。

(2)仪表:MF47 型万用表、ZC25-3 型兆欧表。

(3)器材:JR16 热继电器一只。

1.8.3　任务内容与步骤

1.观察热继电器的结构

将热继电器的后绝缘盖板卸下,仔细观察热继电器的结构,指出动作结构、电流整定装置、复位按钮及触头系统的位置,并能叙述它们的作用。

2.校验调整

(1)按图 1-45 连接校验电路。

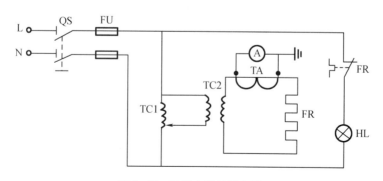

图 1-45　热继电器校验电路

(2)将调压器的输出调到零位置,将热继电器置于手动复位状态并将整定值旋钮置于额定值位置。

(3)合上电源开关 QS,指示灯 HL 亮。

(4)将调压器输出电压升高,使热元件通过的电流升至额定值。1 h 内热继电器应不动作,若 1 h 内热继电器动作,则应将调节旋钮向额定值大的方向旋动。

(5)将电流升至 1.2 倍额定电流,热继电器应在 20 min 内动作,否则,应将调节旋钮向额定值小的方向旋动。

(6)将电流降至零,待热继电器冷却并手动复位后,再调升电流至 1.5 倍额定电流,热继电器冷却后应在 2 min 内动作。

(7)将电流降至零,快速调升电流至 6 倍额定电流,分断 QS 再随即合上,其动作时间应大于 5 s。

3. 复位方式的调整

热继电器出厂时,一般都调在手动复位,如果需要自动复位,可将复位调节螺钉顺时针旋进。自动复位时应在动作 5 min 内自动复位。手动复位时在动作 2 min 后,按下手动复位按钮,热继电器应复位。

4. 注意事项

(1)校验时环境温度应尽量接近工作温度,连接导线长度一般小于 0.6 m,连接导线截面积应与使用的实际情况相同。

(2)校验时电流变化较大,为使测量结果准确,应注意选择电流互感器的合适量程。

(3)通电校验时,必须将热继电器、电源开关固定在校验板上,以确保用电安全。

【小结】

本模块较为详细地介绍了低压电器的基础知识,即共性问题。在此基础上分别介绍了接触器、继电器、熔断器、刀开关及低压断路器、主令电器等各种低压电器的结构、工作原理、选用方法,以及各种电器的型号规格、技术数据、图形符号等。

低压电器主要由电磁机构、触头系统和灭弧装置组成。额定电压、额定电流、通断能力等是低压电器的主要技术参数,这些技术参数是选用电器的主要依据,应根据各种电器的具体要求和作用来合理选择。有些电器在使用时,应根据被控制或保护电路的具体要求,在一定范围内进行调整,应在掌握其工作原理的基础上掌握其调整方法。

为了不断优化和改进控制电路,应及时了解电器的发展动向,及时掌握、使用各种新型电器。目前低压电器发展方向有:控制电器和保护电器结合;安装、维修更为方便;结构的单元化、零部件统一化;采用卡轨式和积木式结构;为适应以微处理器为基础的工业控制要求,电器直接用 36 V 以下电压操作;采用新的结构原理,如有触头电器向无触头电器扩展;采用惰性气体或真空灭弧的原理,用固态集成电路、微处理器取代电动原则等。

【思考与习题】

1-1 什么是低压电器? 什么是低压控制电器?

1-2 低压电器的电磁机构由哪几部分组成?

1-3 电弧是如何产生的? 常用的灭弧方法有哪些?

1-4　触头的形式有哪几种？常用的灭弧装置有哪几种？

1-5　熔断器有哪几种类型？试写出各种熔断器的型号。它在电路中的作用是什么？

1-6　熔断器有哪些主要参数？熔断器的额定电流与熔体的额定电流是不是一回事？

1-7　熔断器与热继电器用于保护交流三相异步电动机时，能不能互相取代，为什么？

1-8　交流接触器主要由哪几部分组成？并简述其工作原理。

1-9　交流接触器频繁操作后线圈为什么会发热？其衔铁卡住后会出现什么后果？

1-10　交流接触器能否串联使用，为什么？

1-11　三角形接法的电动机为什么要选用带断相保护的热继电器？

1-12　电动机主电路中装有熔断器作为短路保护，能否同时起到过载保护作用？可以不装热继电器吗，为什么？

1-13　叙述时间继电器的工作原理、用途和特点。

1-14　什么是常开、常闭触头？时间继电器的常开、常闭触头与一般的常开、常闭触头有什么区别？

1-15　断路器在电路中的作用是什么？它有哪些脱扣器，各起什么作用？

1-16　继电器与接触器的主要区别是什么？

1-17　画出下列低压电器的图形符号，标出其文字符号，并说明其功能。

（1）熔断器；（2）热继电器；（3）接触器；（4）时间继电器；（5）控制按钮；（6）行程开关；(7)速度继电器。

项目2　电气基本控制环节安装与调试

【学习任务概况】

知识目标:熟悉电气原理图画法规则和读图方法;熟练掌握电气控制电路的基本环节。

能力目标:能正确绘制和阅读电气控制系统图;具有简单电气控制电路分析和安装接线能力。

思政目标:通过课程的学习,学生能够掌握电气控制设备的安全操作规程和规范,了解电气设备的安全性能和防护措施,增强责任感和使命感,从而在实际工作中能够遵循安全规定,保障自身和他人的安全,以高度的责任感和使命感完成工作任务,确保企业的正常生产和运行。

任务2.1　电动机基本控制认识

2.1.1　单向点动与连续控制

1. 单向点动控制电路

单向点动控制电路是用按钮、接触器来控制电动机运转的最简单的控制电路,如图2-1所示。

启动:合上电源开关 QS,按下启动按钮 SB,使接触器 KM 线圈得电,KM 主触头闭合,电动机 M 启动运行。

停止:松开按钮 SB,使接触器 KM 线圈失电,KM 主触头断开,电动机 M 失电停转。

停止使用时需断开电源开关 QS。

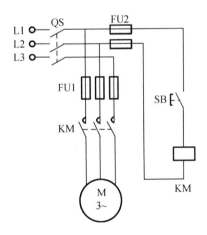

图2-1　单向点动控制电路

2. 单向连续控制电路

当要求电动机启动后能连续运行时, 采用上述点动控制电路就行不通了。要使电动机

M 连续运行,启动按钮 SB 就不能断开,但这是不符合生产实际要求的。为实现电动机的连续运行,可采用图 2-2 所示的接触器自锁正转控制电路。

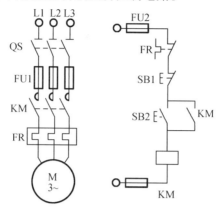

图 2-2　接触器自锁正转控制电路

电路的工作原理如下。先合上电源开关 QS,当松开 SB2,其常开触头恢复分断后,因为接触器 KM 的常开辅助触头闭合时已将 SB2 短接,控制电路仍保持接通,所以接触器 KM 继续通电,电动机 M 实现连续运转。

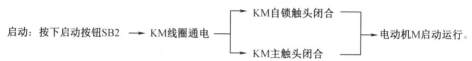

像这种当松开启动按钮 SB2 后,接触器 KM 通过自身常开触头使线圈保持通电的作用叫作自锁(或自保持)。与启动按钮 SB2 并联起自锁作用的常开触头叫作自锁触头(也称自保持触头)。该电路的保护环节有短路保护、过载保护、失电压保护和欠电压保护。

停止：按下停止按钮SB1 ——→ KM线圈断电 ⎧ ——→ KM自锁触头断开 ⎫ ——→ 电动机M断电停转。
⎩ ——→ KM主触头断开 ⎭

3. 点动与连续混合控制

机床设备在正常运行时,电动机一般都处于连续运行状态。但在试车或调整刀具与工件的相对位置时,又需要电动机能点动控制,实现这种控制要求的电路是点动与连续混合控制的电路,如图 2-3 所示。

2.1.2　可逆运行控制

各种生产机械常常要求具有上、下、左、右、前、后等相反方向的运动,这就要求电动机能够实现可逆运行。三相交流电动机可借助正、反向接触器改变定子绕组相序来实现可逆运行。为避免正、反向接触器同时通电造成电源相间短路故障,正反向接触器之间需要有一种制约关系互锁,保证它们不能同时工作。图 2-4 给出了两种可逆控制电路。

(1)电气互锁控制电路(图 2-4(b))是电动机"正—停—反"可逆控制电路,利用两个接触器的常闭触头 KM1 和 KM2 相互制约,即当一个接触器通电时,利用其串联在对方接触器的线圈电路中的常闭触头的断开来锁住对方线圈电路。这种利用两个接触器的常闭触头互相控制的方法称为电气互锁,起互锁作用的两对触头称为互锁触头。这种只有接触器互锁的可逆控制电路在正转运行时,要想反转必先停车,否则不能反转,因此叫作"正—停—反"可逆控制电路。

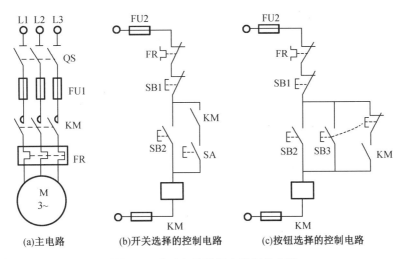

(a)主电路   (b)开关选择的控制电路   (c)按钮选择的控制电路

图 2-3 点动与连续混合控制的电路

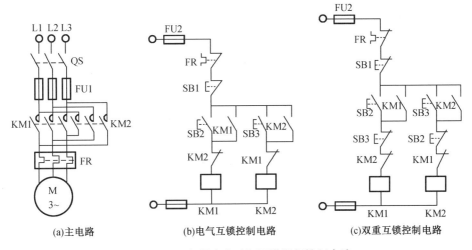

(a)主电路   (b)电气互锁控制电路   (c)双重互锁控制电路

图 2-4 三相异步电动机可逆运行控制电路

电路的工作原理如下。

启动控制:合上电源开关 QS。

正向启动:按下启动按钮 SB2,使 KM1 线圈通电并自锁,使其主触头闭合,电动机 M 定子绕组加正向电源直接正向启动运行。

反向启动:按下启动按钮 SB3,使 KM2 线圈通电并自锁,使其主触头闭合,电动机 M 定子绕组加反向电源直接反向启动运行。

停止控制:按下停止按钮 SB1,使 KM1(或 KM2)线圈断电,使其主触头断开,电动机 M 定子绕组断电停转。

(2)双重互锁控制电路(图 2-4(c))是电动机"正—反—停"可逆控制电路,通过两只复合按钮实现。在这个电路中,正转启动按钮 SB2 的常开触头用来使正转接触器 KM1 的线圈瞬时通电,其常闭触头则串联在反转接触器 KM2 线圈的电路中,用来锁住 KM2。反转启动按钮 SB3 也按 SB2 的相同方法连接。当按下 SB2 或 SB3 时,首先是常闭触头断开,然后才是常开触头闭合。这样在需要改变电动机运动方向时,就不必按 SB1 停止按钮了,可直接操作正反转按钮即能实现电动机可逆运转。这种将复合按钮的常闭触头串接在对方接触器线圈电路中所起的互锁作用称为按钮互锁,又称机械互锁。

电路的工作原理如下。

启动控制:合上电源开关 QS。

正向启动:按下启动按钮 SB2,使其常闭触头断开对 KM2 实现互锁,之后 SB2 常开触头闭合,KM1 线圈通电,其常闭触头断开对 KM2 实现互锁,之后 KM1 自锁触头闭合,同时主触头闭合,电动机 M 定子绕组加正向电源直接正向启动运行。

反向启动:按下反向启动按钮 SB3,其常闭触头断开对 KM1 实现互锁,之后 SB3 常开触头闭合,KM2 线圈通电,其常闭触头断开对 KM1 实现互锁,之后 KM2 自锁触头闭合,同时主触头闭合,电动机 M 定子绕组加反向电源直接反向启动。

停止控制:按下停止按钮 SB1,KM1(或 KM2)线圈断电,其主触头断开,电动机 M 定子绕组断电并停转。这个电路既有接触器互锁,又有按钮互锁,称为双重互锁的可逆控制电路,为机床电气控制系统所常用。

2.1.3 多地联锁控制

能在两地或多地控制同一台电动机的控制方式叫电动机的多地控制。在大型生产设备上,为使操作人员在不同方位均能进行启停操作,常常要求组成多地控制电路。图 2-5 为两地联锁控制电路。其中 SB2、SB1 为安装在甲地的启动按钮和停止按钮,SB4、SB3 为安装在乙地的启动按钮和停止按钮。电路的特点是:启动按钮并联接在一起,停止按钮串联接在一起,即分别实现逻辑或和逻辑与的关系。这样就可以分别在甲、乙两地控制同一台电动机,达到便于操作的目的。对于三地或多地控制,只要将各地的启动按钮并联、停止按钮串联即可实现。

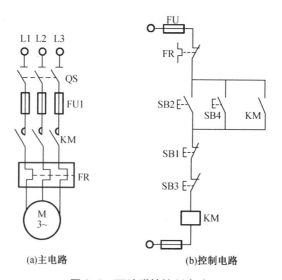

(a)主电路　　　　(b)控制电路

图 2-5　两地联锁控制电路

2.1.4　顺序控制

联锁控制的应用很广泛。凡是生产线上某些环节或一台设备的某些部件之间具有互相制约或互相配合的控制,均称为联锁控制。下面介绍实现按顺序工作时的联锁控制。在机床的控制电路中,常常要求电动机的启停有一定的顺序。例如,磨床要求先启动润滑油泵,然后再启动主轴电机;龙门刨床在工作台移动前,导轨润滑油泵要先启动;铣床的主轴旋转后,工作台方可移动等。顺序工作控制电路有顺序启动、同时停止控制电路,有顺序启动、顺序停止控制电路,还有顺序启动、逆序停止控制电路。

图 2-6 所示为两台电动机的顺序控制电路。图 2-6(b)所示为顺序启动、同时停止或单独停止 M2 控制电路。在这个控制电路中,只有 KM1 线圈通电后,其串入 KM2 线圈电路中的常开触头 KM1 闭合,才使 KM2 线圈有通电的可能。图 2-6(c)所示为顺序启动、逆序停止控制电路。停车时,必须按 SB3,断开 KM2 线圈电路,使并联在按钮 SB1,两端的常开触头 KM2 断开后,再按 SB1 ,才能使 KM1 线圈断电。

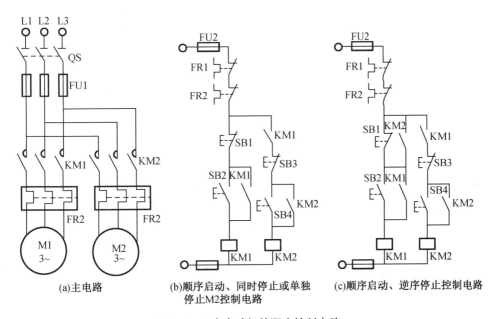

图 2-6　两台电动机的顺序控制电路

2.1.5　自动往返控制

有些生产机械,如万能铣床,要求工作台在一定距离内能自动往返,而自动往返通常是利用行程开关控制电动机的正反转来实现的。工作台自动往返运动示意图如图 2-7 所示。

图 2-8 所示为工作台自动往返控制电路,其工作过程如下:合上电源开关 QS,按下启动按钮 SB2,KM1 得电并自锁,电动机正转工作台向左移动,当到达左移预定位置后,挡铁 B 压下 ST2,ST2 常闭触头打开使 KM1 断电,ST2 常开触头闭合使 KM2 得电,电动机由正转变为反转,工作台向右移动。当到达右移预定位置后,挡铁 A 压下 ST1,使 KM2 断电,KM1 得电,电动机由反转变为正转,工作台向左移动。工作台如此周而复始地自动往返工

作。当按下停止按钮 SB1 时,电动机停转,工作台停止移动。若因行程开关 SQ1、SQ2 失灵,则由极限保护行程开关 SQ1、SQ2 实现保护,避免运动部件因超出极限位置而发生事故。

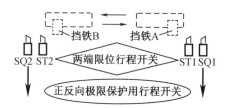

图 2-7　工作台自动往返运动示意图

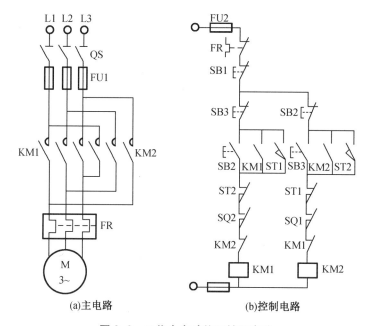

图 2-8　工作台自动往返控制电路

任务 2.2　电动机降压启动控制调试

三相笼型异步电动机可采用直接启动和降压启动,前面介绍的电气控制电路的基本规律中电动机的启动控制均为直接启动。异步电动机的启动电流一般可达其额定电流的 4~7 倍,过大的启动电流会造成电网电压显著下降,直接影响在同一电网工作的其他用电设备正常工作。此时,电动机频繁启动会严重发热,加速线圈老化,缩短电动机的寿命。因此,直接启动只适用于小容量电动机。当电动机容量较大(10 kW 以上)时,一般采用降压启动。

所谓降压启动,是指启动时降低加在电动机定子绕组上的电压,待电动机启动后再将电压恢复到额定电压,使之运行在额定电压下。降压启动的目的在于减小启动电流,但启动转矩也将减小,因此降压启动只适用于空载或轻载下启动。

降压启动的方法包括定子绕组串电阻降压启动、星形-三角形(Y-△)降压启动、自耦变压器降压启动、软启动(固态降压启动器)、延边三角形降压启动。

2.2.1　定子绕组串电阻降压启动控制

定子绕组串电阻降压启动是指启动时在电动机定子绕组中串接电阻,通过电阻的分压作用,使电动机定子绕组上的电压降低;待电动机转速上升至接近额定转速时,将电阻切除,使电动机在额定电压(全压)下正常运行。这种启动方法适用于电动机容量不大、启动不频繁且平稳的场合,其特点是启动转矩小、加速平滑,但电阻上的能量损耗大。图 2-9 所示为三相异步电动机定子绕组串电阻降压启动控制电路,图中 SB2 为启动按钮,SB1 为停止按钮,R 为启动电阻,KM1 为电源接触器,KM2 为切除启动电阻用接触器,KT 为控制启动过程的时间继电器。

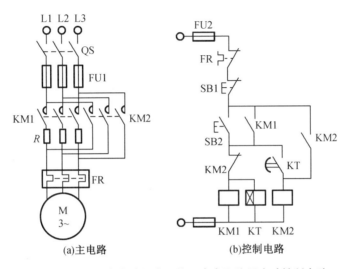

(a)主电路　　　(b)控制电路

图 2-9　三相异步电动机定子绕组串电阻降压启动控制电路

电路的工作原理为:合上电源开关 QS,按下启动按钮 SB2,KM1 得电并自锁,电动机定子绕组串入电阻 R 降压启动,同时 KT 得电,经延时后 KT 常开触头闭合,KM2 得电并自锁,KM2 辅助常闭触头断开,KM1、KT 失电;KM2 主触头闭合将启动电阻 R 短接,电动机进入全压正常运行。

2.2.2　Y-△降压启动控制

Y-△降压启动是指电动机启动时,把定子绕组接成星形,以降低启动电压,减小启动电流;待电动机启动后,转速上升至接近额定转速时,再把定子绕组改接成三角形,使电动机全压运行。Y-△启动适合正常运行时为三角形接法的三相笼型异步电动机轻载启动的场合,其特点是启动转矩小,仅为额定值的 1/3,转矩特性差(启动转矩下降为原来的 1/3)。

图 2-10 所示为时间继电器自动控制 Y-△降压启动控制电路。电路的工作原理为:合上电源开关 QS,按下启动按钮 SB2,KM1、KM3、KT 线圈同时通电吸合并自锁, KM1、KM3 的主触头闭合,电动机 M 三相定子绕组接成星形接入三相交流电源进行降压启动,当电动机转速上升至接近额定转速时,通电延时型时间继电器 KT 动作,其常闭触头断开,KM3 线圈断电释放,其互锁触头复位,主触头断开,电动机 M 定子绕组断电解除星形连接;KT 常开

触头闭合,使得 KM2 线圈通电吸合并自锁,电动机定子绕组接成三角形全压运行。KM2、KM3 辅助常闭触头为互锁触头,以防电动机定子绕组同时接成星形和三角形,造成主电路电源短路。

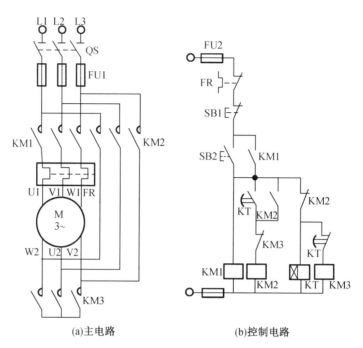

(a)主电路　　　　　　(b)控制电路

图 2-10　Y-△降压启动控制电路

2.2.3　自耦变压器降压启动控制

自耦变压器降压启动是指电动机在启动时利用自耦变压器来降低加在电动机定子绕组上的启动电压;电动机启动后,当电动机转速上升至接近额定转速时,将自耦变压器切除,电动机定子绕组直接加电源电压,进入全压运行。这种启动方法适合重载启动的场合,其特点是启动转矩大(60%、80%抽头)、损耗低,但设备庞大、成本高,启动过程中会出现二次涌流冲击,适用于不频繁启动、容量在 30 kW 以上的设备。图 2-11 所示为自耦变压器降压启动控制电路。图中 KM1 为降压启动接触器,KM2 为全压运行接触器,KA 为中间继电器,KT 为降压启动控制时间继电器。

电路工作原理为:合上电源开关 QS,按下启动按钮 SB2,KM1、KT 线圈同时通电,KM1 线圈通电吸合并自锁,将自耦变压器接入,电动机由自耦变压器二次电压供电做降压启动。当电动机转速接近额定转速时,时间继电器 KT 延时时间到,其延时闭合触头闭合,使 KA 线圈通电并自锁,其常闭触头断开 KM1 线圈电路,KM1 线圈断电后返回,将自耦变压器从电源切除;KA 的常开触头闭合,使 KM2 线圈通电吸合,其主触头闭合,电动机定子绕组加全电压进入正常运行。

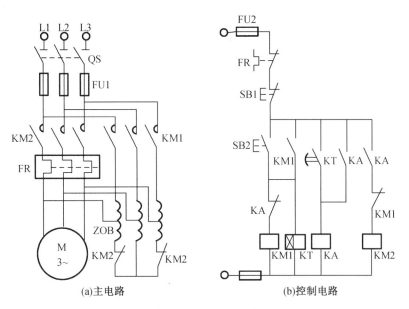

图 2-11　自耦变压器降压启动控制电路

2.2.4　三相绕线型异步电动机启动控制

三相绕线型异步电动机启动控制的方法有转子串电阻或串频敏变阻器启动两种。转子串电阻启动控制的原则有时间原则和电流原则两种。下面仅分析按时间原则控制转子串电阻启动控制。串接在三相转子绕组中的启动电阻,一般都接成星形。启动时,将全部启动电阻接入,随着启动的进行,电动机转速升高,转子电阻依次被短接,在启动结束时,转子外接电阻全部被短接。短接电阻的方法有三相电阻不平衡短接法和三相电阻平衡短接法两种。所谓三相电阻不平衡短接法是依次轮流短接各相电阻,而三相电阻平衡短接法是依次同时短接三相转子电阻。当采用凸轮控制器触头来短接各相电阻时,因控制器触头数量有限,一般采用不平衡短接法;当采用接触器触头来短接转子电阻时,均采用平衡短接法。图 2-12 所示为转子串三级电阻按时间原则控制的启动电路。图中 KM1 为电路接触器,KM2、KM3、KM4 为短接电阻启动接触器,KT1、KT2、KT3 为短接转子电阻时间继电器。电路工作原理为:合上电源开关 QS,按下启动按钮 SB2,KM1 线圈通电并自锁,主触头闭合,电动机转子串全电阻进行降压启动,同时时间继电器 KT1 线圈通电并开始延时,延时时间到,KT1 的延时闭合常开触头闭合,KM2 线圈通电并自锁,其主触头闭合,切除转子电阻 R_1,同时 KM2 的辅助常开触头闭合,KT2 线圈通电并开始延时。这样通过时间继电器依次通电延时,KM2~KM4 线圈依次通电,主触头依次闭合,转子电阻将被逐级短接,直到转子电阻全部切除,电动机启动结束,进入正常运行。注意电动机进入正常运行时,控制电路中只有 KM1、KM4 处于工作状态。值得注意的是,为确保电路在转子全部电阻串入情况下启动,且当电动机进入正常运行时,只有 KM1、KM4 两个接触器处于长期通电状态,而 KT1、KT2、KT3 与 KM2、KM3 线圈通电时间均压缩到最低限度,一方面节省电能,延长电器使用寿命,更为重要的是减少电路故障,保证电路安全可靠地工作。由于电路为逐级短接电阻,因此若电动机电流与转矩突然增大,会产生机械冲击。

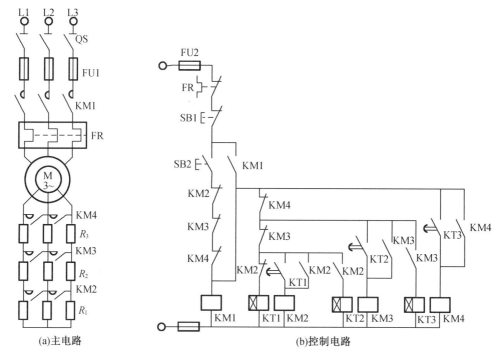

(a)主电路   (b)控制电路

图 2-12　三相绕线型异步电动机转子串三级电阻按时间原则控制的启动电路

任务 2.3　电动机电气制动控制调试

　　三相异步电动机从切除电源到完全停转,由于惯性,拖延了停车时间,往往不能满足生产机械要求的迅速停车,影响生产效率,并造成停车位置不准确,工作不安全。因此,应对电动机进行制动控制。

　　电动机制动控制方法有机械制动和电气制动。所谓机械制动是用机械装置产生机械力来强迫电动机迅速停车;电气制动是使电动机的电磁转矩方向与电动机旋转方向相反,起制动作用。常用的电气制动有反接制动和能耗制动等。

2.3.1　反接制动控制

　　反接制动是利用改变电动机电源的相序,使定子绕组产生相反方向的旋转磁场,因而产生制动转矩的制动方法。反接制动常采用转速为变化参量进行控制。由于反接制动时,转子与旋转磁场的相对速度接近于两倍的同步转速,因此定子绕组中流过的反接制动电流相当于全电压直接启动时电流的两倍,故反接制动特点之一是制动迅速、效果好、冲击大,通常仅适于 10 kW 以下的小容量电动机。为了减小冲击电流,通常要求在电动机主电路中串接限流电阻。

　　1.电动机单向反接制动控制

　　（1）电路的组成

　　图 2-13 所示为电动机单向反接制动控制电路。图中 KM1 为电动机单向运行接触器,KM2 为反接制动接触器,KS 为速度继电器,R 为反接制动电阻。

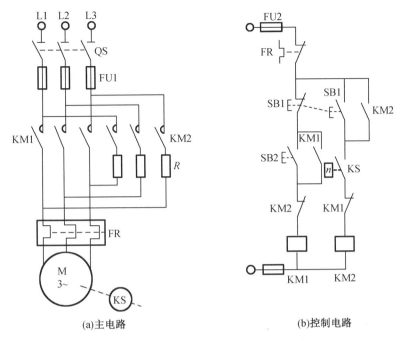

(a)主电路   (b)控制电路

图 2-13   电动机单向反接制动控制电路

（2）电路的工作原理

启动控制：合上电源开关 QS，按下启动按钮 SB2，KM1 线圈通电并自锁，主触头闭合，电动机全压启动，当电动机转速超过 140 r/min 时，速度继电器 KS 动作，其常开触头闭合，为反接制动做准备。

制动控制：按下停止按钮 SB1，SB1 常闭触头断开，使 KM1 线圈断电，KM1 主触头断开，切断电动机原相序三相交流电源，电动机仍以惯性高速旋转。当 SB1 按到底时，其常开触头闭合，使 KM2 线圈通电并自锁，其主触头闭合，电动机定子串入三相对称电阻，并接入反相序三相交流电源进行反接制动，电动机转速迅速下降。当电动机转速下降到 100 r/min 时，KS 断电，其常开触头复位，KM2 线圈断电，其主触头断开电动机反相序交流电源，反接制动结束，电动机自然停车。

2. 电动机可逆运行反接制动控制

（1）电路的组成

图 2-14 所示为可逆运行反接制动控制电路。图中 KM1、KM2 为电动机正反转接触器，KM3 为短接制动电阻接触器，KA1、KA2、KA3、KA4 为中间接触器，KS 为速度继电器，其中 KS-1 为速度继电器正向常开触头，KS-2 为速度继电器反向常开触头。电阻 R 在启动时起定子串电阻降压启动作用，在停车时又作为反接制动电阻。

（2）电路的工作原理

正向启动控制：合上电源开关 QS，按下正向启动按钮 SB2，正转中间继电器 KA3 线圈通电并自锁，其常闭触头断开，互锁了反转中间继电器 KA4，KA3 常开触头闭合，使 KM1 线圈通电，KM1 主触头闭合使电动机定子绕组经电阻 R 接通正序三相交流电源，电动机 M 开始正向降压启动。当电动机转速上升到 140 r/min 时，KS 正转常开触头 KS-1 闭合，中间继电器 KA1 通电并自锁。这时由于 KA1、KA3 的常开触头闭合，KM3 线圈通电，其主触头闭合,将电阻 *R* 短接,此时电动机进入全压运行。

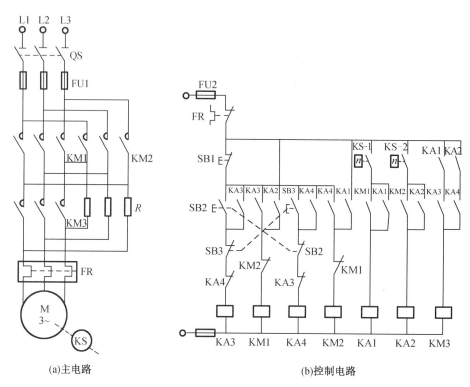

(a)主电路   (b)控制电路

图 2-14　电动机可逆运行反接制动控制电路

反向启动控制:按下反向启动按钮 SB3,KA4 通电,KM2 通电,M 实现定子绕组串电阻反向降压启动,当电动机反向转速上升到 140 r/min 时,KS 反转常开触头 KS-2 闭合,KA2通电并自锁,KM3 通电,M 进入反向全压运行。

制动控制:如电动机处于正向运行状态需停车时,可按下 SB1,KA3、KM1、KM3 相继断电返回,此时 KS-1 仍处于闭合状态,KA1 仍处于吸合状态,当 KM1 辅助常闭触头复位后,KM2 通电吸合,M 定子绕组串 *R* 加反相序电源实现反接制动,M 的转速迅速下降,当 M 的转速下降至 100 r/min 时,KS-1 复位,KA1 断电,KM2 断电返回,反接制动结束。

反向运行的反接制动与上述相似。

2.3.2　能耗制动控制

能耗制动是指在电动机脱离三相交流电源后,向定子绕组内通入直流电源,建立静止磁场,转子以惯性旋转,转子导体切割定子恒定磁场产生转子感应电动势,利用转子感应电流与静止磁场的作用产生制动的电磁转矩,达到制动的目的。在制动过程中,电流、转速、时间三个参数都在变化,可任取一个作为控制信号,将时间作为控制参数,控制电路简单,实际应用较多。

1.电动机单向运行能耗制动控制

（1）电路的组成

图 2-15 所示为电动机单向运行时间原则控制的能耗制动控制电路。图中 KM1 为单

向运行控制接触器,KM2 为能耗制动控制接触器,KT 为控制能耗制动的通电延时型时间继电器。

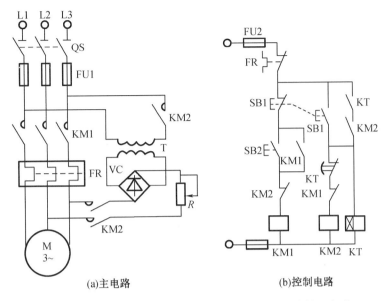

(a)主电路　　　　　　　　(b)控制电路

图 2-15　电动机单向运行时间原则控制的能耗制动控制电路

（2）电路的工作原理

启动控制:合上电源开关 QS,按下启动按钮 SB2,KM1 通电并自锁,KM1 主触头闭合,M 实现全压启动并运行,同时 KM1 辅助常闭触头断开,对反接制动控制 KM2 实现互锁。

制动控制:在电动机单向正常运行时,当需要停车时,按下停止按钮 SB1,SB1 常闭触头断开,KM1 断电,KM1 主触头断开,切断 M 三相交流电源。SB1 常开触头闭合,KM2、KT 同时通电并自锁,其主触头闭合,M 定子绕组接入直流电源进行能耗制动。M 转速迅速下降,当转速接近零时,KT 延时时间到,KT 延时断开的常闭触头断开,KM2、KT 相继断电返回,能耗制动结束。

图 2-15 中 KT 的瞬动常开触头与 KM2 的自锁触头串联,其作用是:当发生 KT 线圈断线或机械卡住故障,致使 KT 延时断开的常闭触头断不开,常开触头也合不上时,只有按下停止按钮 SB1,使其成为点动能耗制动。若无 KT 的常开瞬动触头串接 KM2 常开触头,在发生上述故障时,按下停止按钮 SB1 后,将使 KM2 线圈长期通电吸合,使电动机两相定子绕组长期接入直流电源。

2.电动机可逆运行能耗制动控制

（1）电路的组成

图 2-16 所示为速度原则控制的可逆运行能耗制动控制电路。图中 KM1、KM2 为电动机正、反转接触器,KM3 为能耗制动接触器,KS 为速度继电器,其中 KS-1 为速度继电器正向常开触头,KS-2 为速度继电器反向常开触头。

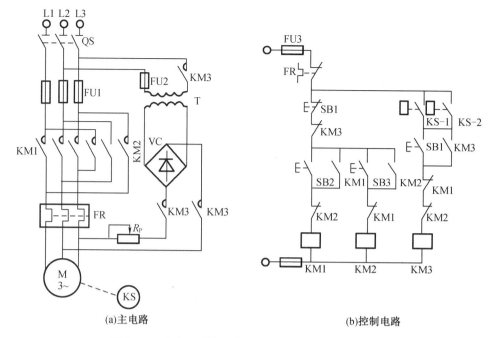

图 2-16 速度原则控制的可逆运行能耗制动控制电路

（2）电路的工作原理

启动控制：合上电源开关 QS，按下启动按钮 SB2（或 SB3），KM1（或 KM2）通电吸合并自锁，其主触头闭合，M 实现正向（或反向）全压启动并运行。当 M 的转速上升至 140 r/min 时，KS 的 KS-1（或 KS-2）闭合，为耗能制动做准备。

制动控制：停车时，按下停止按钮 SB1，其常闭触头断开，KM1（或 KM2）断电，其主触头断开，切除 M 定子绕组三相电源。当 SB1 常开触头闭合时，KM3 通电并自锁，其主触头闭合，M 定子绕组加直流电源进行能耗制动，M 转速迅速下降，当转速下降至 100 r/min 时，KS返回，KS-1（或 KS-2）复位断开，KM3 断电返回，其主触头断开切除 M 的直流电源，能耗制动结束。电动机可逆运行能耗制动也可采用时间原则，用时间继电器取代速度继电器，同样能达到制动的目的。对于负载转矩较为稳定的电动机，能耗制动时采用时间原则控制为宜；对于那些能够通过传动机构来反映电动机转速的，能耗制动采用速度原则控制为宜。

3. 无变压器单管能耗制动控制

（1）电路的组成

上述能耗制动电路均需一套整流装置和整流变压器，为简化能耗制动电路，减少附加设备，在制动要求不高、电动机功率在 10 kW 以下时，可采用无变压器的单管能耗制动电路。它采用无变压器的单管半波整流器作为直流电源，这种电源体积小、成本低，其电路如图 2-17 所示。其整流电源电压为 220 V，由制动接触器 KM2 主触头接至电动机定子两相绕组，并由另一相绕组经整流二极管 VD 和电阻 R 接到零线，构成回路。

（2）电路的工作原理

该电路的工作原理与图 2-15 相似，读者可进行参考。

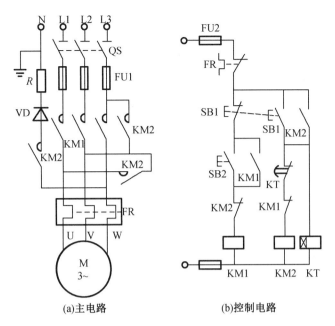

(a)主电路　　　　　　　　　　　(b)控制电路

图 2-17　电动机无变压器单管能耗制动电路

任务 2.4　电动机调速控制调试

由三相异步电动机转速 $n=60f_1(1-s)/p$ 可知,三相异步电动机调速方法有变磁极对数(变极)、变转差率和变频调速三种。式中,n 为异步电动机转速;f_1 为电源频率;$s=(n_1-n)/n_1$,为转差率;p 为磁极对数。

变极调速一般仅适用于三相笼型异步电动机,变转差率调速可通过调节定子电压、改变转子电路中的电阻以及采用串级调速实现(在绕线转子异步电动机转子回路串接附加电动势的调速方法称为串级调速)。变频调速是现代电气传动的一个主要发展方向,已广泛应用于工业自动控制中。

2.4.1　三相异步电动机变极调速控制

1. 变极调速电动机的接线方式

变极调速电动机是通过改变半相绕组的电流方向来改变磁极对数的。图 2-18、图 2-19 所示为常用的两种接线图,即△-YY 和 Y-YY 连接。

(1)△-YY 连接

如图 2-21 所示,连接成△时,将 U1、V1、W1 端接电源,U2、V2、W2 端悬空;连接成 YY 时,将 U1、V1、W1 端连接在一起,将 U2、V2、W2 端接电源。

(2)Y-YY 连接

如图 2-22 所示,连接成 Y 时,将 U1、V1、W1 端接电源,U2、V2、W2 端悬空;连接成 YY 时,将 U1、V1、W1 端连接在一起,将 U2、V2、W2 端接电源。

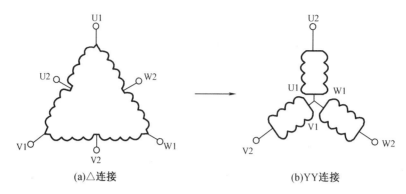

(a)△连接　　　　　　　　　(b)YY连接

图 2-18　△-YY 连接双速电动机三相绕组接线图

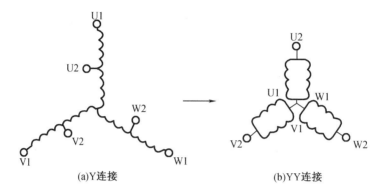

(a)Y连接　　　　　　　　　(b)YY连接

图 2-19　Y-YY 连接双速电动机三相绕组接线图

2. 三相异步双速电动机变极调速控制

（1）电路的组成

图 2-20 所示为双速电动机变极调速控制电路。图中 KM1 为电动机△连接接触器，KM2、KM3 为电动机 YY 连接接触器，KT 为电动机低速换高速时间继电器，SA 为高、低速选择开关，其有三个位置，"左"位为低速位，"右"位为高速位，"中间"位为停止位。

（2）电路的工作原理

合上电源开关 QS，将选择开关打向"左"低速位时，KM1 线圈通电，其主触头闭合，将电动机定子绕组接成△做低速启动并运行。当将选择开关打向"右"高速位时，通电延时型时间继电器 KT 线圈通电并开始延时，其瞬动触头闭合，KM1 线圈通电，其互锁触头断开，主触头闭合，电动机定子绕组接成△做低速启动，当 KT 延时时间到，其延时断开的常闭触头断开，延时闭合的常开触头闭合，KM1 线圈断电后，其主触头断开，电动机定子绕组短时断电，KM1 互锁触头闭合，KM2、KM3 线圈相继通电，其互锁触头断开后，主触头闭合，电动机定子绕组接成 YY 并接入三相电源做高速运行，即电动机实现低速启动高速运行。

注意：△-YY 连接的双速电动机，启动时只能在△连接下低速启动，而不能在 YY 连接下高速启动。另外为保证电动机转向不变，转化成 YY 连接时应使电源调相，否则电动机将反转（图 2-23 中电动机引出线时已做调整）。

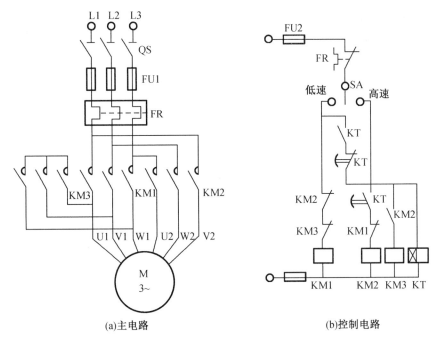

(a)主电路　　　　　　　　　　　(b)控制电路

图2-20　双速电动机变极调速控制电路

2.4.2　三相异步电动机变频调速控制

　　交流电动机变频调速是近20年发展起来的新技术,随着电力电子技术和微电子技术的迅速发展,交流调速系统已进入实用化、系统化阶段,采用变频器的变频装置已获得广泛应用。由三相异步电动机转速公式 $n=(1-s)60f_1/p_1$ 可知,只要连续改变电动机交流电源的频率 f_1,就可实现连续调速。交流电源的额定频率 $f_N=50$ Hz,变频调速有额定频率以下调速和额定频率以上调速两种。

　　1. 额定频率以下调速

　　当电源频率 f_1 在额定频率 f_N 以下调速时,电动机转速下降,但在调节电源频率的同时,必须同时调节电动机的定子电压 U_1,且始终保持 $U_1/f_1=$ 常数,否则电动机无法正常工作。这是因为三相异步电动机定子绕组相电压 $U_1 \approx E_1=4.44f_1N_1K_1\Phi_m$,当 f_1 下降时,若 U_1 不变,则必使电动机每极磁通 Φ_m 增加,在电动机设计时,Φ_m 位于磁路磁化曲线的膝部,Φ_m 的增加将进入磁化曲线饱和段,使磁路饱和,电动机空载电流剧增,使电动机负载能力变小,而无法正常工作。所以,在频率下调的同时应使电动机定子相电压随之下降,并使 $U_1'/f_1'=U_{1N}/f_N=$ 常数。可见,电动机额定频率以下的调速为恒磁通调速,由于 Φ_m 不变,调速过程中电磁转矩 $T=C_1\Phi_m I_2 S\cos\varphi_2$ 不变,属于恒磁通调速。

　　2. 额定频率以上调速

　　当电源频率 f_1 在额定频率 f_N 以上调速时,电动机的定子相电压是不允许在额定相电压以上调节的,否则会危及电动机的绝缘。所以,电源频率上调时,只能维持电动机定子额定相电压 U_{1N} 不变。于是,随着 f_1 升高 Φ_m 将下降,但 n 上升,故属于恒功率调速。

任务2.5 异步电动机单向点动与连续运行控制安装

2.5.1 任务目的

（1）熟悉各电器元件结构、型号规格、工作原理、安装方法及其在电路中所起的作用；

（2）练习电动机控制电路的接线步骤和安装方法；

（3）加深对三相笼型异步电动机单向点动与连续运行控制电路工作原理的理解。

2.5.2 任务设备与器材

本实训项目所需设备、器材见表2-1。

表2-1 实训所需设备、器材

代号	名称	型号	数量/个	备注
QS	低压开关	DZ108-20/10-F	1	
FU1	熔断器	RT18-32/3P	1	熔芯3 A
FU2	熔断器	RT18-32/3P	1	熔芯2 A
KM	交流接触器	LC1-D0610Q5N	1	
FR1	热继电器	LR2-D1305N	1	整定值0.63 A
	热继电器座	JRS1D-25座	1	
SB2	按钮开关	LAY16 绿色	1	
SB1	按钮开关	LAY16 红色	1	
M	三相笼型异步电动机	WDJ26	1	

2.5.3 任务内容与步骤

（1）认真阅读实训电路（图2-21），理解电路的工作原理。

（2）认识和检查电器。认识本实训所需电器，了解各电器的工作原理和各种电器的安装与接线，检查电器是否完好，熟悉各种电器型号、规格。

（3）电路安装：

①在电气原理图上标线号。

②根据原理图画出安装接线图，电器、线槽位置摆放要合理。

③安装电器与线槽。

④根据安装接线图正确接线，先接主电路，后接控制电路。主电路导线截面视电动机容量而定，控制电路导线截面通常采用 1 mm² 的铜线，主电路与控制电路导线需采用不同颜色进行区分。导线要走线槽，接线端需套号码管，线号要与原理图一致。

（4）检查电路。电路接线完毕后先清理板面杂物,进行自查,确认无误后请老师检查,得到允许后方可通电试车。

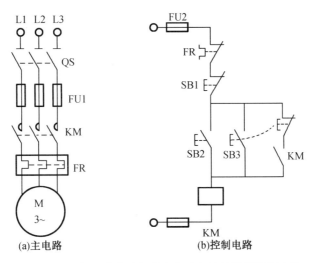

图2-21　三相异步电动机单向点动与连续运行控制电路

（5）通电试车:

①合上电源开关 QS,接通电源,按下启动按钮 SB2,观察接触器 KM 的动作情况和电动机启动情况。

②按下停止按钮 SB1,观察电动机的停止情况,重复按 SB2 与 SB1,观察电动机运行情况。

③按下点动按钮 SB3,观察 KM 动作与电动机的运行情况,看其是否可以实现点动控制。

④观察电路过载保护的作用,可以采用手动的方式断开热继电器 FR 的常闭触头,进行试验。

⑤通电过程中若出现异常现象,应切断电源,分析故障现象,并报告老师。检查故障并排除后,经老师允许后方可继续进行通电试车。

（6）结束实训。实训完毕后,首先切断电源,确保在断电情况下拆除连接导线和电器元件,清点实训设备与器材交老师检查。

2.5.4　任务分析

（1）试车时,有无异常现象? 若有,其原因是什么?

（2）按下启动按钮 SB2 电动机启动后,松开 SB2 电动机仍能继续运行,而按下点动按钮 SB3 电动机启动后若松开 SB3 电动机将停止,试说明其原因。

（3）电路中已安装了熔断器,为什么还要用热继电器,是否重复?

2.5.5 任务报告与考核要求

1.实训报告要求

（1）画出三相异步电动机单向点动与连续运行控制原理图及安装接线图,并分析其动作原理。

（2）分析具有自锁的正转控制电路的失电压（或零电压）与欠电压保护作用。

（3）将实训分析的结论写在实训报告上。

2.考核要求

（1）在规定时间内能正确安装电路,且试运转成功。

（2）安装工艺达到基本要求,线头长短适当、接触良好。

（3）文明安全操作,没有安全事故。

任务2.6 异步电动机正、反转控制安装

2.6.1 任务目的

（1）掌握三相笼型异步电动机可逆运行电路的连接方法；

（2）理解可逆控制电路电气、机械互锁的原理；

（3）掌握可逆运行电路常见故障的排除方法。

2.6.2 任务设备与器材

本实训项目所需设备、器材见表2-2。

表2-2 实训所需设备、器材

代号	名称	型号	数量/个	备注
QS	低压开关	DZ108-20/10-F	1	
FU1	熔断器	RT18-32/3P	1	装熔芯3 A
FU2	熔断器	RT18-32/3P	1	装熔芯2 A
KM1、KM2	交流接触器	LC1-D0610Q5N	2	线圈AC 380 V
FR1	热继电器	JRS1D-25/Z(0.63-1 A)	1	
	热继电器座	JRS1D-25座	1	
SB1	按钮开关	LAY16	1	红色
SB2、SB4	按钮开关	LAY16	2	绿色
M	三相笼型异步电动机	WDJ26(380 V/△)	1	

2.6.3 任务内容与步骤

（1）认真阅读实训电路（图2-22）,理解电路的工作原理。

（2）检查元器件。检查各电器是否完好，查看各电器型号、规格，明确使用方法。

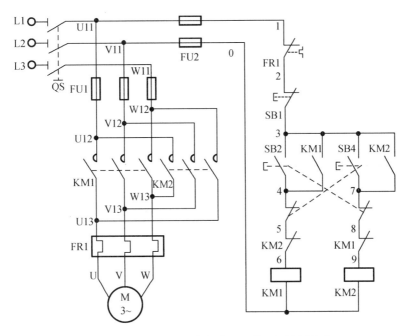

图 2-22　三相笼型异步电动机可逆运行控制电路

（3）电路安装：

①在电气原理图上标线号。

②根据原理图画出安装接线图，电器、线槽位置摆放要合理。

③安装电器与线槽。

④根据安装接线图正确接线，先接主电路，后接控制电路。主电路导线截面视电动机容量而定，控制电路导线截面通常采用 1 mm² 的铜线，主电路与控制电路导线需采用不同颜色进行区分。导线要走线槽，接线端需套号码管，线号要与原理图一致。

（4）检查电路。电路接线完毕后先清理板面杂物，进行自查，确认无误后请老师检查，得到允许后方可通电试车。

（5）通电试车：

①正反转运行。合上电源开关 QS，分别按 SB2、SB3，观察电动机正反转运行情况，按 SB1 停机。

②电气互锁、机械互锁控制的试验。同时按下 SB2 和 SB3，接触器 KM1 和 KM2 均不能通电，电动机不转。按下正转启动按钮 SB2，电动机正向运行，再按反转启动按钮 SB3，电动机从正转变为反转。

③电动机不宜频繁持续由正转变为反转，反转变为正转，故不宜频繁持续操作 SB2 和 SB3。

④通电过程中若出现异常现象，应立即切断电源，分析故障现象，并报告老师。检查故障并排除后，经老师允许后方可继续通电试车。

（6）结束实训。实训完毕后，首先切断电源，确保在断电情况下拆除连接导线和电器元件,清点实训设备与器材并交老师检查。

2.6.4　任务分析

（1）按下正、反转按钮,若电动机旋转方向不改变,原因可能是什么？

（2）若频繁持续操作 SB2 和 SB3,会产生什么现象,为什么？

（3）同时按下 SB2 和 SB3,会不会引起电源短路,为什么？

（4）当电动机正常正向或反向运行时,轻按一下反向启动按钮 SB3 或正向启动按钮 SB2,不将按钮按到底,电动机运行状态如何,为什么？

2.6.5　任务报告与考核要求

1. 实训报告要求

（1）说明联锁的含义。

（2）分析双重联锁的正反转控制电路的工作原理,说明这种电路的方便性和安全可靠性。

2. 考核要求

（1）在规定的时间内能正确安装电路且试运转成功。

（2）安装工艺达到基本要求,接点牢靠、接触良好。

（3）文明安全操作,没有安全事故。

任务 2.7　异步电动机 Y-△ 降压启动控制安装

2.7.1　任务目的

（1）掌握三相笼型异步电动机 Y-△ 降压启动控制电路的连接方法,从而进一步理解电路的工作原理和特点;

（2）了解时间继电器的结构、工作原理及使用方法;

（3）进一步熟悉安装接线工艺;

（4）熟悉三相笼型异步电动机 Y-△ 降压启动控制电路调试及常见故障的排除方法。

2.7.2　任务设备与器材

本实训项目所需设备、器材见表 2-3。

表 2-3　实训所需设备、器材

代号	名称	型号	数量/个	备注
QS	低压开关	DZ108-20/10-F	1	
FU1	熔断器	RT18-32/3P	1	装熔芯 3 A
FU2	熔断器	RT18-32/3P	1	装熔芯 2 A

表 2-3(续)

代号	名称	型号	数量/个	备注
KM、KM1、KM2	交流接触器	LC1-D0610Q5N	3	
FR1	热继电器	JRS1D-25/Z(0.63-1 A)	1	
	热继电器座	JRS1D-25 座	1	
KT1	时间继电器	ST3PA-B(0~60 s)/380 V	1	
	时间继电器方座	PF-083A	1	
SB2	按钮开关	LAY16	1	绿色
SB1	按钮开关	LAY16	1	红色
M	三相笼型异步电动机	WDJ26	1	380 V/△

2.7.3　任务内容与步骤

(1)认真阅读实训电路(图 2-23),理解电路的工作原理。

(2)检查元器件。检查各电器是否完好,查看各电器型号、规格,明确使用方法。

(3)电路安装:

①在电气原理图上标线号。

②根据原理图画出安装接线图,电器、线槽位置摆放要合理。

③安装电器与线槽。

④根据安装接线图正确接线,先接主电路,后接控制电路。主电路导线截面视电动机容量而定,控制电路导线截面通常采用 1 mm² 的铜线,主电路与控制电路导线需采用不同颜色进行区分。导线要走线槽,接线端需套号码管,线号要与原理图一致。

(4)检查电路。电路接线完毕后先清理板面杂物,进行自查,确认无误后请老师检查,得到允许后方可通电试车。

(5)通电试车:

①合上电源开关 QS,按下启动按钮 SB2,观察接触器动作顺序及电动机减压启动的过程。启动结束后,按下停止按钮 SB1 电动机停转。

②调整时间继电器 KT 的延时时间,观察电动机启动过程的变化。

③通电过程中若出现异常情况,应立即切断电源,分析故障现象,并报告老师。检查故障并排除后,经老师允许后方可继续进行通电试车。

(6)结束实训。实训完毕后,首先切断电源,确保在断电情况下拆除连接导线和电器元件,清点实训设备与器材并交老师检查。

2.7.4　任务分析

(1)试验时,有无出现异常现象? 若有,其原因是什么?

(2)时间继电器在电路中的作用是什么? 请设计一个断电延时继电器控制 Y-△ 降压启动控制的电路。

（3）若电路在启动过程中,不能从 Y 连接切换到△连接,电路始终处在 Y 连接下运行,试分析故障原因。

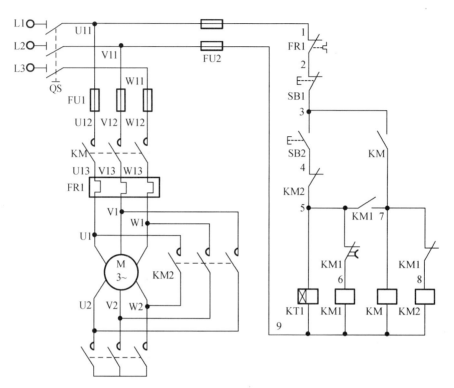

图 2-23　三相笼型异步电动机 Y-△降压启动控制电路

2.7.5　任务报告与考核要求

1. 实训报告要求

（1）画出三相笼型异步电动机 Y-△降压启动控制原理图及安装接线图,并分析其动作原理。

（2）说明原理图中采用了那些保护环节及自锁和互锁控制。

（3）将实训分析的内容写在实训报告上。

2. 考核要求

（1）在规定时间内能正确安装电路且试运转成功。

（2）安装工艺达到基本要求,线头长短适当、接触良好。

（3）遵守安全规程,做到文明生产。

任务2.8　异步电动机能耗制动控制安装

2.8.1　任务目的

（1）掌握三相笼型异步电动机能耗制动控制电路的连接方法，从而进一步理解电路的工作原理和特点；

（2）熟悉三相笼型异步电动机能耗制动控制电路的调试和常见故障的排除。

2.8.2　任务设备与器材

本实训项目所需设备、器材见表2-4。

表2-4　实训所需设备、器材

代号	名称	型号	数量/个	备注
QS	低压开关	DZ108-20/10-F	1	
FU1	熔断器	RT18-32/3P	1	装熔芯3 A
FU2	熔断器	RT18-32/3P	1	装熔芯2 A
KM1、KM2、KM3	交流接触器	LC1-D0610Q5N	3	线圈 AC 380 V
FR1	热继电器	JRS1D-25/Z（0.63-1 A）	1	
	热继电器座	JRS1D-25 座	1	
KT1	时间继电器	ST3PA-B（0~60 s）/380 V	1	
	时间继电器方座	PF-083A	1	
SB1	按钮开关	LAY16	1	红色
SB2、SB4	按钮开关	LAY16	1	绿色
M	三相笼型异步电动机	WDJ26	1	380 V/△
V	二极管	1N5408	1	在控制屏上
R	电阻	10 Ω/25 W	1	

2.8.3　任务内容与步骤

（1）认真阅读实训电路（图2-24），理解电路的工作原理。

（2）检查元器件。检查各电器是否完好，查看各电器型号、规格，明确使用方法。

（3）电路安装：

①在电气原理图上标线号。

②根据原理图画出安装接线图，电器、线槽位置摆放要合理。

③安装电器与线槽。

④根据安装接线图正确接线，先接主电路，后接控制电路。主电路导线截面视电动机

容量而定,控制电路导线截面通常采用 1 mm² 的铜线,主电路与控制电路导线需采用不同颜色进行区分。接线时要分清二极管的正负极和二极管的安装接线方式。导线要走线槽,接线端需套号码管,线号要与原理图一致。

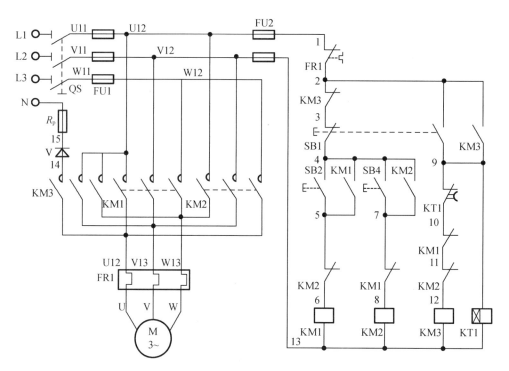

图 2-24　三相笼型异步电动机能耗制动电气控制电路(时间原则)

(4)检查电路。电路接线完毕后先清理板面杂物,进行自查,确认无误后请老师检查,得到允许后方可通电试车。

(5)通电试车:

①在直流回路中串入直流电流表,需注意电流表的正负极不能接错。

②合上电源开关,按下停止按钮 SB1,使 KM2 通电,观察电流表并调节变阻器 R_p,使制动直流电流为电动机额定电流的 1.5 倍。

③切断电源,拆除电流表,使电路恢复原状。

④重新接通电源,按下 SB2,使电动机启动、运行。

⑤按下停止按钮 SB1,观察电动机制动效果。调节时间继电器的延时,使电动机在停机后能及时切断制动电源。

⑥减小和增大时间继电器的延时时间,观察电路在制动时会出现什么情况;减小和增大变阻器的阻值,同样观察电路在制动时出现的情况。

⑦通电过程中若出现异常情况,应立即切断电源,分析故障现象,并报告老师。检查故障并排除后,经老师允许后方可继续进行通电试车。

(6)结束实训。实训完毕后,首先切断电源,在确保断电情况下拆除连接导线和电器元件,清点实训设备与器材并交老师检查。

2.8.4 任务分析

(1)通电试验时,有无故障出现? 若有,其原因是什么,是如何排除的?

(2)时间继电器延时时间的改变对制动效果有什么影响? 为什么?

(3)能耗制动与反接制动比较,各有什么特点?

2.8.5 任务报告与考核要求

1. 实训报告要求

(1)说明能耗制动的含义。

(2)总结实训中出现的异常现象,写出本次实训的收获和体会。

2. 考核要求

(1)在规定的时间内能正确安装电路,且试运转成功。

(2)安装工艺达到基本要求,接点牢靠、接触良好。

(3)文明安全操作,没有安全事故。

任务 2.9 专项技能——电力拖动控制系统安装与调试

2.9.1 三相异步电动机接触器联锁正反转控制线路(图2-25)

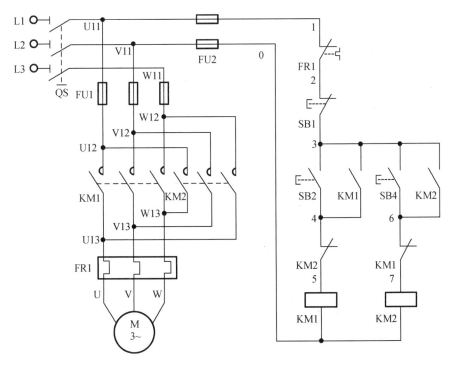

图2-25 接触器联锁正反转控制电路

2.9.2 实验所需电气元件明细表（表2-5）

表2-5 实验所需电气元件明细表

代号	名称	型号	数量/个	备注
QS	低压开关	DZ108-20/10-F	1	
FU1	熔断器	RT18-32/3P	1	装熔芯 3 A
FU2	熔断器	RT18-32/3P	1	装熔芯 2 A
KM1、KM2	交流接触器	LC1-D0610Q5N	2	线圈 AC 380 V
	辅助触头	LA1-DN11	2	
FR1	热继电器	JRS1D-25/Z(0.63-1 A)	1	
	热继电器座	JRS1D-25 座	1	
SB1	按钮开关	LAY16	1	红色
SB2、SB4	按钮开关	LAY16	2	绿色
M	三相笼型异步电动机	WDJ26(380 V/△)	1	

2.9.3 原理分析

接触器联锁正反转控制电路图如图2-25所示，电路中采用了两个接触器，即正转用的接触器KM1和反转用的接触器KM2，它们分别由正转按钮SB2和反转按钮SB4控制。从主电路中可以看出，这两个接触器的主触头所接通的电源相序不同，KM1按L1—L2—L3相序接线，KM2则对调了两相的相序，按L3—L2—L1相序接线。相应的控制电路有两条：一条是由按钮SB2和KM1线圈等组成的正转控制电路；另一条是由按钮SB4和KM2线圈等组成的反转控制电路。必须指出，接触器KM1和KM2的主触点绝不允许同时闭合，否则将造成两相电源（L1相和L3相）短路事故。为了保证一个接触器得电动作时，另一个接触器不能得电动作，以避免电源的相间短路，就在正转控制电路中串接了反转接触器KM2的常闭辅助触头。这样，当KM1得电动作时，串接在反转控制电路中的KM1的常闭触点分断，切断了反转控制电路，保证了KM1主触点闭合时KM2的主触点不能闭合。同样，当KM2得电动作时，KM2的常闭触点分断，切断了正转控制电路，从而可靠地避免了两相电源短路事故的发生。像上述这种在一个接触器得电动作时，通过其常闭辅助触头使另一个接触器不能得电动作的作用叫作联锁（或互锁）。实现联锁作用的常闭辅助触头称为联锁触点（或互锁触点）。

工作原理：先合上电源开关QS，然后进行正、反转控制。

1. 正转控制

按下SB2，KM1线圈得电，KM1主触点闭合、KM1自锁触点闭合自锁、KM1联锁触点分断对KM2联锁，电动机M启动连续正转。

2. 反转控制

先按下SB1，KM1线圈失电，KM1主触点断开、KM1自锁触点断开自锁、KM1联锁触点闭合。再按下SB4，KM2线圈得电，KM2主触点闭合、KM2自锁触点闭合自锁、KM2联锁触点分断对KM1联锁，电动机M启动连续反转。停止时，按下停止按钮SB1，控制电路失电，

KM2 主触点分断,电动机 M 失电停转。从以上分析可见,接触器联锁正反转控制线路的优点是工作安全可靠,缺点是操作不便。因电动机从正转变为反转时,必须先按下停止按钮后,才能按反转启动按钮,否则由于接触器的联锁作用,不能实现反转。为克服此线路的不足,可采用按钮联锁或双重联锁的正反转控制线路。

2.9.4　安装接线

正反转控制电路的接线较为复杂,特别是当按钮使用较多时。在电路中,两处主触头的接线必须保证相序相反;联锁触头必须保证常闭互串;按钮的接线必须正确、可靠、合理。在本装置 WD021 挂板上选择热继电器 FR;WD022 挂板上选择熔断器 FU1、熔断器 FU2、低压开关 QS、接触器 KM1、接触器 KM2 等器件;在 WD023 挂板上选择按钮 SB1、按钮 SB2、按钮 SB4 等器件;电机 M 放在桌面上。

接线图如图 2-26 所示,接线时应注意不要接错或漏接。在通电试车前,应仔细检查各接线端连接是否正确、可靠。

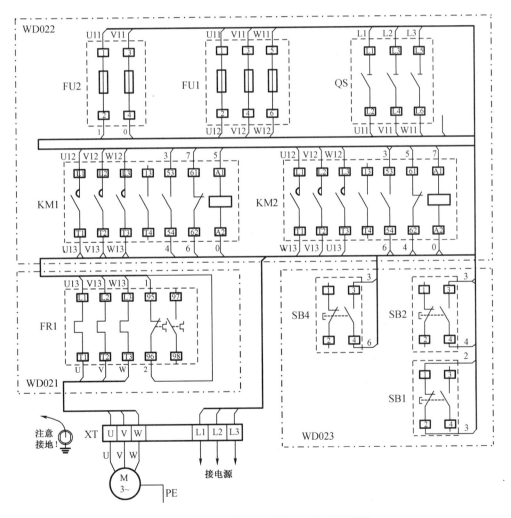

图 2-26　接触器联锁正反转控制线路接线图

2.9.5　检查与调试

仔细确认接线正确后,可接通交流电源,合上开关 QS,按下 SB2,电机应正转(电机右侧的轴伸端为顺时针转,若不符合转向要求,可停机,换接电机定子绕组任意两个接线即可)。如要电机反转,应先按 SB1,使电机停转,然后再按 SB4,则电机反转。若不能正常工作,则应分析并排除故障,使线路能正常工作。

【小结】

本部分主要讲述了电气控制的基本规律和三相异步电动机的启动、制动、调速等控制电路,这是电气控制的基础,应熟练掌握。

1. 电气控制的基本规律

点动与连续运行控制、可逆运行控制、多地联锁控制、自动往复控制。

2. 电动机的启动控制

三相笼型异步电动机启动方法:直接启动、定子绕组串电阻降压启动、Y－△降压启动、自耦变压器降压启动等。

三相绕线型异步电动机启动控制方法:转子串电阻、转子串频敏变阻器启动。

3. 电动机的制动控制

三相笼型异步电动机的制动方法:能耗制动、反接制动、再生制动。

4. 电动机制动控制的控制原则

在电力拖动控制系统中常用的控制原则有时间原则、速度原则、电流原则等。

5. 电气控制系统中的保护环节

在控制电路中常用的互锁保护有电气互锁和机械互锁,常用的联锁环节有多地联锁、顺序联锁环节等。

电动机常用的保护环节有短路保护、过电流保护、过载保护、失电压和欠电压保护及其他保护等。

【思考与习题】

2-1　何为电气原理图? 绘制电气原理图的原则是什么?

2-2　在电气控制电路中采用低压断路器作电源引入开关,电源电路是否还要用熔断器作短路保护? 控制电路是否还用熔断器作短路保护?

2-3　电动机的点动控制与连续运行控制在控制电路上有何不同? 其关键控制环节是什么? 其主电路又有何区别?（从电动机保护环节设置角度分析）

2-4　电气原理图中,QS、FU、KM、KA、FR、SB、SQ 分别是什么电器元件的符号? 它们各有何功能?

2-5　何为互锁控制? 实现电动机正反转互锁的方法有哪两种? 它们有何区别?

2-6　在接触器正反转控制电路中,若正、反向控制的接触器同时通电,会发生什么现象?

2-7　什么叫降压启动? 常用的降压启动方法有哪几种?

2-8　电动机在什么情况下应采用降压启动? 定子绕组为 Y 连接的三相异步电动机能

否用Y-△降压启动? 为什么?

2-9　分析图中各控制电路按正常操作时会出现什么现象? 若不能正常工作加以改进。

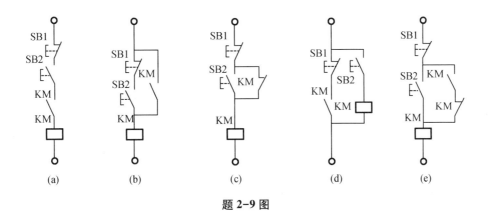

题 2-9 图

2-10　试画出某电动机能满足以下控制要求的电气原理图:

(1)可正反转;(2)可正向点动;(3)可两地启停。

2-11　指出图中所示的 Y-△降压启动控制电路中的错误,并画出正确的电路。

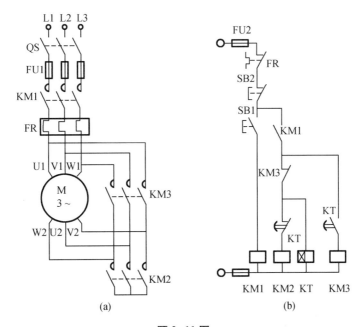

题 2-11 图

2-12　试分析题 2-11 图(b)所示的电路中,当时间继电器 KT 延时时间太短或延时闭合与延时断开的触点接反时,电路将出现什么现象?

2-13　两台三相笼型异步电动机 M1、M2,要求 M1 先启动,在 M1 启动 15 s 后才可以启动 M2,停止时 M1、M2 同时停止。试画出其电气原理图。

2-14　两台三相笼型异步电动机 M1、M2,要求既可实现 M1、M2 的分别启动和停止,又可实现两台电动机的同时停止。试画出其电气原理图。

2-15　三台电动机 M1、M2、M3,要求按启动按钮 SB1 时,按下列顺序启动:M1→M2→M3。当停止时,按下停止按钮 SB2,则按相反的顺序停止,即 M3→M2→M1。启动和停止的时间间隔均为 10 s。试画出其电气原理图。

2-16　某水泵由一台三相笼型异步电动机拖动,按下列要求设计电气控制电路:

(1)采用 Y-△降压启动;

(2)三处控制电动机的启动和停止;

(3)有短路、过载、欠电压保护。

2-17　某机床有主轴电动机 M1、液压泵电动机 M2,均采用直接启动,生产工艺要求:主轴必须在液压泵启动后方可启动;主轴要求正、反转,但为测试方便,要求能实现正、反向点动;主轴停止后,才允许液压泵电动机停止;电路具有短路、过载、失电压保护。试设计电气控制电路。

2-18　电动机控制常用的保护环节有哪些? 它们各采用什么电器元件?

项目 3　典型设备电气控制系统调试

【学习任务概况】

知识目标：熟悉典型机床电气控制系统；了解机床上机械、液压、电气三者之间的配合；掌握各种典型机床电气控制电路的分析和故障排除方法。

能力目标：学会阅读、分析机床电气控制原理图，掌握常见故障诊断、排除的方法和步骤；初步具有从事电气设备安装、调试、运行、维修的能力。

思政目标：在电气线路分析中学会细心、耐心的工作心态，提高勤学苦练、吃苦耐劳的工匠精神，更适应我国现代工业智能化技术发展需求。

任务 3.1　CA6140 型车床的电气控制调试

车床是一种应用最为广泛的金属切削机床，主要用来车削外圆、内圆、端面、螺纹和定型表面。除车刀外，还可用钻头、铰刀和镗刀等刀具进行加工。

3.1.1　CA6140 型车床的主要结构及控制要求

1. 车床的主要结构

CA6140 型车床主要由床身、主轴变速箱、挂轮箱、进给箱、溜板箱、溜板与刀架、尾架、光杠和丝杠等部分组成，如图 3-1 所示。

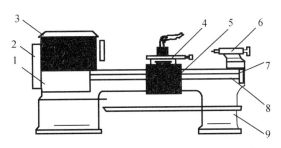

1—进给箱；2—挂轮箱；3—主轴变速箱；4—溜板与刀架；
5—溜板箱；6—尾架；7—丝杠；8—光杠；9—床身。

图 3-1　CA6140 型车床的结构示意图

2. 车床的运动形式

车床的主运动为工件的旋转运动，它是由主轴通过卡盘或顶尖带动工件旋转的，其承受车削加工时的主要切削功率。车削加工时，应根据被加工工件材料、刀具种类、工件尺寸、工艺要求等来选择不同的切削速度。这就要求主轴能在相当大的范围内调速，对于普通车床，调速范围一般大于 70。车削加工时，一般不要求反转，但在加工螺纹时，为避免乱扣,要反转退刀,再纵向进刀继续加工,这就要求主轴具有正、反转功能。进给运动为刀架的纵向或横向直线运动。刀架的进给运动也是由主轴电动机拖动的,其运动方式有手动和自动两种。在进行螺纹加工时,工件的旋转速度与刀架的进给速度之间应有严格的比例关系,因此,车床刀架的纵向或横向两个方向进给运动是由主轴箱输出轴依次经挂轮箱、进给箱、光杆串入溜板箱而获得的。辅助运动为刀架的快速移动、尾座的移动以及工件的夹紧与放松等。

3. 车床电力拖动的特点及控制要求

（1）主拖动电动机一般选用三相笼型异步电动机,为满足调速要求,采用机械变速。

（2）为切削螺纹,主轴要求能正、反转。一般车床主轴的正、反转由拖动电动机正、反转来实现;当主拖动电动机容量较大时,主轴的正、反转则靠摩擦离合器来实现,电动机只做单向旋转。

（3）一般中小型车床的主轴电动机均采用直接启动。当电动机容量较大时,常采用 Y-△减压启动。停车时为实现快速停车,一般采用机械或电气制动。

（4）车削加工时,刀具与工件温度高,需要切削液进行冷却。为此,设有一台冷却泵电动机,拖动冷却泵输出冷却液,且与主轴电动机有联锁关系,即冷却泵电动机应在主轴电动机启动后方可选择启动与否;当主轴电动机停止时,冷却泵电动机便立即停止。

（5）为实现溜板箱的快速移动,由单独的快速移动电动机拖动,采用点动控制。

（6）电路应具有必要的短路、过载、欠电压和失电压等保护环节,并有安全可靠的局部照明和信号指示。

3.1.2　CA6140 型车床的电气控制电路分析

CA6140 型车床电气原理图如图 3-2 所示。

1. 主电路分析

主电路共有三台电动机。M1 为主轴电动机（位于原理图 3 区）,带动主轴旋转和刀架做进给运动;M2 为刀架快速移动电动机（位于原理图 4 区）;M3 为冷却泵电动机（位于原理图 5 区）。三台电动机容量都小于 10 kW,均采用直接启动,皆为接触器控制的单向运行电路。三相交流电源通过开关 QS 引入,M1 由接触器 KM1 控制其起停,FR1 作为过载保护。M2 由接触器 KM3 控制其起停,因 M2 为短时工作,所以未设过载保护。M3 由接触器 KM2 控制器起停,FR2 作为过载保护。熔断器 FU1～FU5 分别对主电路、控制电路和辅助电路实现短路保护。

2. 控制电路分析

控制电路的电源为控制变压器 TC 次级输出 220 V 电压。

（1）主轴电动机 M1 的控制采用了具有过载保护全压启动控制的典型环节。按下启动按钮 SB2→接触器 KM1 得电吸合→其辅助动合触头 KM1(5-6)闭合自锁,KM1 的主触头闭合→主轴电动机 M1 启动;同时其辅助动合触头 KM1(7-9)闭合。作为 KM2 得电的先决条件。按下停止按钮 SB1→接触器 KM1 断电释放→电动机 M1 停转。

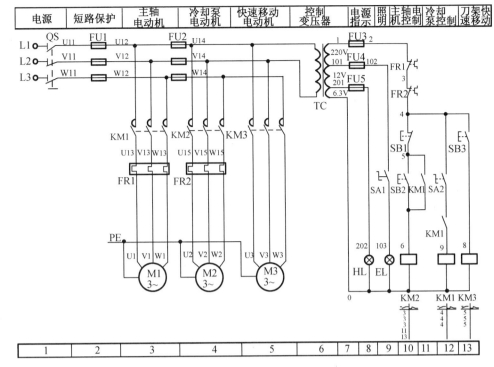

图 3-2 CA6140 型车床的电气原理图

(2)冷却泵电动机 M3 的控制采用两台电动机 M1、M3 顺序联锁控制的典型环节,以满足生产要求,使主轴电动机启动后,冷却泵电动机才能启动;当主轴电动机停止运行时,冷却泵电动机也自动停止运行。主轴电动机 M1 启动后,即在接触器 KM1 得电吸合的情况下,其辅助动合触头 KM1 闭合,因此合上开关 SA1,使接触器 KM2 线圈得电吸合,冷却泵电动机 M3 才能启动。

(3)刀架快速移动电动机 M2 的控制采用点动控制。按下按钮 SB3→KM3 得电吸合→其主触头闭合→对 M2 电动机实施点动控制。电动机 M2 经传动系统,驱动溜板带动刀架快速移动。松开 SB3→KM3 断电释放→电动机 M2 停转。

3. 照明与信号电路分析

控制变压器 TC 的次级分别输出 24 V、6.3 V 电压,作为机床照明和信号灯的电源。EL 为机床的低压照明灯,由开关 SA2 控制;HL 为电源的信号灯。

3.1.3 CA6140 型车床电气控制电路常见故障分析与检修

1. 主轴电动机 M1 不能启动

首先应检查接触器 KM1 是否吸合,如果 KM1 吸合,则故障一定发生在电源电路和主电路上。此故障可按下列步骤检修:

(1)合上电源开关 QS,用万用表测接触器 KM1 主触头的电源端三相电源相线之间的电压,如果电压是 380 V,则电源电路正常。如果测量接触器主触头任意两点无电压,则故障是电源开关 QS 接触不良或连线断路。修复措施:查明损坏原因,更换相同规格或型号的电源开关及连接导线。

(2)断开电源开关,用万用表电阻 R×1 档测量接触器输出端之间的电阻值,如果电阻值较小且相等,则说明所测电路正常;否则,依次检查 FR1、M1 以及它们之间的连线。修复措施:查明损坏原因,修复或更换同规格、同型号的热继电器 FR1、电动机 M1 及其之间的连接导线。

(3)检查接触器 KM1 主触头是否良好,如果接触不良或烧毛,则更换动、静触头或相同规格的接触器。

(4)检查电动机机械部分是否良好,如果电动机内部轴承等损坏,应更换轴承;如果外部机械有问题,可配合机修钳工进行维修。

2. 主电动机 M1 启动后不自锁

当按下启动按钮 SB2 时,主轴电动机启动运转,但松开 SB2 后,M1 随之停止。造成这种故障的原因是接触器 KM1 的自锁触头接触不良或连接导线松脱。

3. 主轴电动机 M1 不能停车

造成这种故障的原因多是接触器 KM1 的主触头熔焊,停止按钮 SB1 击穿或电路中 4、5 两点连接导线短路,接触器铁芯表面粘牢污垢。可采用下列方法判明是哪种原因造成电动机 M1 不能停车:若断开 QS,接触器 KM1 释放,则说明故障为 SB1 击穿或导线短路;若接触器过一段时间释放,则故障为铁心表面粘牢污垢;若断开 QS,接触器 KM1 不释放,则故障为主触头熔焊。根据具体故障采取相应措施修复。

4. 主轴电动机在运行中突然停车

这种故障的主要原因是热继电器 FR1 动作。发生这种故障后,一定要找出热继电器 FR1 动作的原因,排除后才能使其复位。引起热继电器 FR1 动作的原因可能是:三相电源电压不平衡,电源电压较长时间过低,负载过重以及 M1 的连接导线接触不良等。

5. 刀架快速移动电动机不能启动

首先检查 FU1 熔丝是否熔断,其次检查接触器 KM3 触头的接触是否良好,若无异常或按下 SB3,接触器 KM3 不吸合,则故障一定在控制电路中。这时依次检查 FR1、FR2 的常闭触头、点动按钮 SB3 及接触器 KM3 的线圈是否有断路现象即可。

任务 3.2 M7120 型平面磨床的电气控制调试

磨床是用砂轮的周边或端面进行加工的精密机床。砂轮的旋转是主运动,工件或砂轮的往复运动为进给运动,而砂轮架的快速移动及工作台的移动为辅助运动。磨床的种类很多,按其工作性质可分为外圆磨床、内圆磨床、平面磨床、工具磨床以及一些专用磨床。其中以平面磨床应用最为广泛。

3.2.1 M7120 型平面磨床的主要结构及控制要求

1. 平面磨床的主要结构

如图 3-3 所示为 M7120 型平面磨床结构示意图。在箱型床身 1 中装有液压传动装置,工作台 2 通过活塞杆 10 由油压驱动做往复运动,床身导轨有自动润滑装置进行润滑。工作台表面有 T 形槽,用以固定电磁吸盘,再用电磁吸盘来吸持加工工件。工作台往复运动的行程长度可通过调节装在工作台正面槽中的撞块 8 的位置来改变。换向撞块 8 是通过碰撞工作台往复运动换向手柄 9 来改变油路方向,以实现工作台往复运动的。

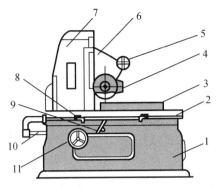

1—床身;2—工作台;3—电磁吸盘;4—砂轮箱;5—砂轮箱横向移动手动;

6—滑座;7—立柱;8—工作台换向撞块;9—工作台往复运动换向手柄;

10—活塞杆;11—砂轮箱垂直进刀手轮。

图 3-3 M7120 型平面磨床结构示意图

在床身上固定有立柱 7,在立柱 7 的轨道上装有滑座 6,砂轮箱 4 能沿滑座的水平导轨做横向移动。砂轮轴由装入式砂轮电动机直接拖动。在滑座内部往往也装有液压传动机构。滑座可在立柱导轨上做上下垂直移动,并可由垂直进刀手轮 11 操作。砂轮箱能沿滑座水平导轨做横向移动,它可由横向移动手轮 5 操纵,也可由液压传动做连续或间断移动。连续移动用于调节砂轮位置或修整砂轮,间断移动用于进给。

2. 平面磨床的运动形式

平面磨床运动示意图见图 3-4。砂轮的旋转运动是主运动。进给运动有垂直进给,即滑座在立柱上的上下运动;横向进给,即砂轮箱在滑座上的水平运动;纵向进给,即工作台沿床身的往复运动。工作台每完成一次往复运动时,砂轮箱便做一次间断性的横向进给;当加工完整个平面后,砂轮箱做一次间断性的垂直进给。

辅助运动是指砂轮箱在滑座水平导轨上做快速横向移动,滑块沿立柱上的垂直导轨做快速垂直移动,以及工作台往复运动速度的调整运动等。

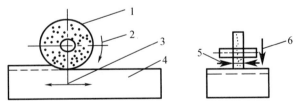

1—砂轮;2—主运动;3—纵向进给运动;4—工作台;5—横向进给运动;6—垂直进给运动。

图 3-4 矩形工作台平面磨床工作图

3. M7120 平面磨床的电力拖动特点及控制要求

(1)M7120 型平面磨床采用分散拖动,液压泵电动机、砂轮电动机、砂轮箱升降电动机和冷却泵电动机全部采用普通笼型交流异步电动机。

(2)磨床的砂轮、砂轮箱升降和冷却泵不要求调速,换向是通过工作台上的撞块碰撞床身上的液压换向开关来实现的。

(3)为减少工件在磨削加工中的热变形并冲走磨屑,以保证加工精度,需要冷却泵。

（4）为适应磨削小工件的需要，也为使工件在磨削过程受热能自由伸缩，采用电磁吸盘来吸持工件。

（5）砂轮电动机、液压泵电动机、冷却泵电动机只进行单方向旋转，并采用直接启动。

（6）砂轮箱升降电动机要求能正反转，冷却泵电动机与砂轮电动机具有顺序联锁关系，在砂轮电动机启动后才可开启冷却泵电动机。

（7）无论电磁吸盘工作与否，均可开动各电动机，以便进行磨床的调整运动，磨床具有完善的保护环节和工件退磁环节及机床照明电路。

3.2.2 M7120 型平面磨床的电气控制电路分析

M7120 型平面磨床的电气原理图如图 3-5 所示。原理图由主电路、控制电路和照明及信号电路三部分组成。

1. 主电路分析

液压泵电动机 M1 由接触器 KM1 控制；砂轮电动机 M2 与冷却泵电动机 M3，同由接触器 KM2 控制；砂轮升降电动机 M4 分别由 KM3、KM4 控制其升降。

四台电动机共用 FU1 做短路保护，M1、M2、M3 分别由热继电器 FR1、FR2、FR3 做长期过载保护。由于砂轮升降电动机 M4 做短时运行，故不设置过载保护。

2. 电动机控制电路分析

（1）液压泵电动机 M1 的控制

其控制电路位于 6、7 区，由按钮 SB1、SB2 与接触器 KM1 构成对液压泵电动机 M1 单向旋转启动-停止控制，起停过程如下：启动时按下 SB2→KM1 线圈通电并自锁→KM1 主触头闭合→M1 启动运行。停止时按下 SB1→KM1 线圈断电→M1 断电停转。

（2）砂轮电动机 M2 和冷却泵电动机 M3 的控制

其控制电路位于 8、9 区，由按钮 SB3、SB4 与接触器 KM2 构成对砂轮电动机 M2 和冷却泵电动机 M3 单向旋转运动启动-停止控制，其起停控制如下：按下 SB4→KM2 线圈通电并自锁→KM2 主触头闭合→M2、M3 同时启动。若按下 SB3→KM2 线圈断电→M2、M3，则同时断电停转。

（3）砂轮升降电动机 M4 的控制

其控制区位于 10、11 区，分别由 SB5、KM3 和 SB6、KM4 构成单向点动控制，其起停控制如下：

①砂轮箱上升（M4 正转）

按下 SB5→KM3 线圈通电→KM3 主触头闭合→M4 正转，砂轮箱上升。当上升到预定位置时，松开 SB5→KM3 线圈断电→M4 停转。

②砂轮箱下降（M4 反转）

按下 SB6→KM4 线圈通电→KM4 主触头闭合→M4 反转，砂轮箱下降。当下降到预定位置时，松开 SB6→KM4 线圈断电→M4 停转。

3. 电磁吸盘控制电路分析

（1）电磁吸盘构造及原理

电磁吸盘外形有长方形和圆形两种。矩形平面磨床采用长方形电磁吸盘。电磁吸盘结构与工作原理如图 3-6 所示。

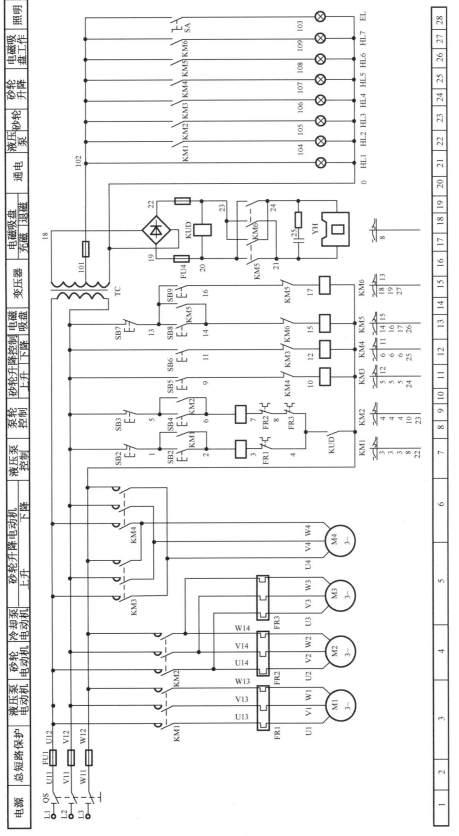

图 3-5　M7120 型平面磨床的电气原理图

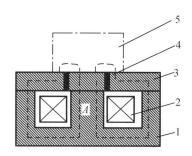

1—钢制吸盘体;2—线圈;3—钢制盖板;4—隔磁板;5—工件。

图 3-6　电磁吸盘结构与工作原理

图 3-6 中 1 为钢制吸盘体,在它的中部凸起的芯体 A 上绕有线圈 2,钢制盖板 3 被隔磁层 4 隔开。在线圈 2 中通入直流电流,芯体将被磁化,磁力线经由盖板、工件、盖板、吸盘体、芯体闭合,将工件 5 牢牢吸住。盖板中的隔磁层由铅、铜、黄铜及巴氏合金等非磁性材料制成,其作用是使磁力线通过工件再回到吸盘体,不致直接通过盖板闭合,以增强对工件的吸持力。

(2)电磁吸盘控制电路由整流装置、控制装置及保护装置等部分组成,位于 12~18 区。

①整流装置

电磁吸盘整流装置由整流变压器 T 与桥式全波整流器 VD 组成,输出 110 V 直流电压对电磁吸盘供电。

②控制部分

控制部分由接触器 KM5、KM6 的各两对主触头组成。当要使电磁吸盘具有吸力时,可按下 SB8,其控制过程如下:

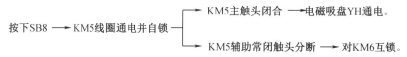

当工件加工完毕需取下时,按下 SB7→KM5 线圈断电→KM5 主触头断开→电磁吸盘 YH 断电。但工作台与工件留有剩磁,需进行去磁。当按下 SB9,使 YH 线圈通入反向电流,产生反向磁场。去磁过程如下:

按下SB9 ——→ KM6线圈通电 ——→ KM6主触头闭合 ——→ 电磁吸盘YH通电。

——→ KM6辅助常闭触头分断 ——→ 对KM5互锁。

应当指出,去磁时间不能太长,否则工作台和工件会反向磁化,故 SB9 为点动控制。

③电磁吸盘保护环节 电磁吸盘具有欠电压保护、过电压保护及短路保护等。

欠电压保护:当电源电压不足或整流变压器发生故障时,吸盘的吸力不足,在加工过程中,会使工件高速飞离而造成事故。为防止这种情况发生,在电路中设置了欠电压继电器 KV,其线圈并联在电磁吸盘电路中,常开触头串联在 KM1、KM2 线圈回路中,当电源电压不足或为零时,KV 常开触头断开,使 KM1、KM2 线圈断电,液压泵电动机 M1 和砂轮电动机 M2 停转,实现欠电压和失电压的保护,以保证安全。

过电压保护:电磁吸盘匝数多,电感大,通电工作时储有大量磁场能量。当线圈断电时,两端将产生过电压,若无放电回路,将使线圈绝缘及其他电器设备损坏。为此,在线圈两端接有 RC 放电回路以吸收断开电源后放出的磁场能量。

短路保护:在整流变压器二次侧或整流装置输出端装有熔断器作为电磁吸盘控制电路的短路保护。

4. 照明及信号电路分析

照明及信号电路分析由信号指示和局部照明电路构成,位于 20～25 区。

EL 为局部照明灯,由变压器 TC 供电,工作电压 36 V,由 QS2 控制。各信号灯工作电压为 6.3 V。HL1 为电源指示灯,HL2 为 M1 运行指示灯,HL3 为 M2 运行指示灯,HL4 为 M4 运行指示灯,HL5 为电磁吸盘工作指示灯。

3.2.3　M7120 型平面磨床电气控制电路常见故障分析与检修

1. M1、M2、M3 三台电动机都不能启动

造成三台电动机都不能启动的原因是欠电压继电器 KV 的常开触头接触不良、接线松脱或有油垢,使电动机控制电路处于断电状态。检修故障时,检查欠电压继电器 KV 的常开触头 KV(9-2)的接通情况,若不通则修理或更换元件,即可排除故障。

2. 砂轮电动机的热继电器 FR2 经常脱扣

砂轮电动机 M2 为装入式电动机,它的前轴承是铜瓦,易磨损。磨损后易发生堵转现象,使电流增大,导致热继电器脱扣。若是这种情况,应修理或更换轴瓦。另外,砂轮进刀量太大,电动机超负荷运行,会造成电动机堵转,使电流急剧上升,热继电器脱扣。因此,工作中应选择合适的进刀量,防止电动机超负荷运行。除上述原因之外,更换后的热继电器规格选得太小或整定电流没有调整,使电动机还未达到额定负载时,热继电器就已脱扣。因此,应注意热继电器必须按其被保护电动机的额定电流进行选择和调整。

3. 电磁吸盘没有吸力

首先用万用表检查三相电源电压是否正常。若电源电压正常,再检查熔断器 FU1、FU4 有无熔断现象。常见的故障是熔断器 FU4 熔断,造成电磁吸盘电路断开,使吸盘无吸力。FU4 熔断可能是直流回路短路,或者是直流回路中元器件损坏造成的。如果检查整流器输出空载电压正常,而接上电磁吸盘后,输出电压下降不大,欠电压继电器 KV 不动作,吸盘无吸力,那么,可依次检查电磁吸盘 YH 的线圈、接插器 XS1 有无短路或接触不良的现象。检修故障时,可使用万用表测量各点的电压,查出故障元件,进行检修或更换,即可排除故障。

4. 电磁吸盘吸力不足

引起这种故障的原因是电磁吸盘损坏或整流器输出电压不正常。M7120 型平面磨床电磁吸盘的电源电压由整流器 VD 供给。空载时,整流器直流输出电压应为 130～140 V,负载时不应低于 110 V。若整流器输出电压正常,带负载时电压远低于 110 V,则表明电磁吸盘已短路,短路点多发生在各绕组间的引线接头处。这是由于吸盘密封不好,冷却液流入,引起绝缘损坏,造成线圈短路。若短路严重,则过大的电流会使整流元件和整流变压器烧坏。出现这种故障时,必须更换电磁吸盘线圈,并且要处理好线圈绝缘,安装时要完全密封好。

电磁吸盘电源电压不正常,多是因为整流元件短路或断路造成的。应检查整流器 VD 的交流侧电压及直流侧电压。若交流侧电压正常,直流输出电压不正常,则表明整流器发生元件短路或断路故障。如某一桥臂的整流二极管发生断路,将使整流输出电压降低到额定电压的一半;若两个相邻的二极管都断路,则输出电压为零。整流元件损坏可能是元件

过热或过电压造成的。如由于整流二极管热容量很小，在整流器过载时，元件温度急剧上升，烧坏二极管；当放电电阻 R 损坏或接线断路时，由于电磁吸盘线圈电感很大，在断开瞬间产生过电压将整流元件击穿。排除此类故障时，可用万用表测量整流器的输出及输入电压，判断出故障部位，查出故障元件，进行修理或更换即可。

5. 电磁吸盘退磁不好使，工件取下困难

电磁吸盘退磁不好的故障原因：一是退磁电路断路，根本没有退磁，应检查接触器 KM6 的两对主触头是否良好，熔断器 FU4 是否损坏；二是退磁时间太长或太短，对于不同材质的工件，所需的退磁时间不同，应注意掌握好退磁时间。

任务 3.3 Z3040 型摇臂钻床的电气控制调试

钻床是一种用途较广的万能机床，可以进行钻孔、扩孔、铰孔、攻螺纹及修刮端面等多种形式的加工。钻床按用途和结构可分为立式钻床、台式钻床、多轴钻床、深孔钻床、卧式钻床及其他专用钻床等。在各类钻床中，摇臂钻床操作方便、灵活，适用范围广，具有典型性。下面以 Z3040 型摇臂钻床为例，分析其电气控制。

3.3.1 Z3040 型摇臂钻床的主要结构及控制要求

1. 摇臂钻床的主要结构

图 3-7 是 Z3040 型摇臂钻床的外形图。它主要由底座、内立柱、外立柱、摇臂、主轴箱、工作台等组成。内立柱固定在底座上，在它外面套着空心的外立柱，外立柱可绕着内立柱回转一周，摇臂一端的套筒部分与外立柱滑动配合，借助于丝杆，摇臂可沿着外立柱上下移动，但两者不能做相对移动，所以摇臂将与外立柱一起相对内立柱回转。主轴箱是一个复合的部件，它具有主轴及主轴旋转部件和主轴进给的全部变速和操纵机构。主轴箱可沿着摇臂上的水平导轨做径向移动。当进行加工时，可利用特殊的夹紧机构将外立柱紧固在内立柱上，摇臂紧固在外立柱上，主轴箱紧固在摇臂导轨上，然后进行钻削加工。

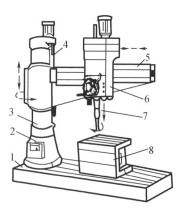

1—底座；2—内立柱；3—外立柱；4—摇臂升降丝杆；5—摇臂；6—主轴箱；7—主轴；8—工作台。

图 3-7 Z3040 摇臂钻床的外形图

2.摇臂钻床的运动形式

主运动:主轴的旋转。进给运动:主轴的轴向进给,即钻头一面旋转一面做轴向进给,此时主轴箱夹紧在摇臂的水平导轨上,摇臂与外立柱夹紧在内立柱上。辅助运动:摇臂沿外立柱的上下垂直移动;主轴箱沿摇臂水平导轨的径向移动;摇臂与外立柱一起绕内立柱的回转运动。

3.摇臂钻床的电力拖动特点及控制要求

(1)由于摇臂钻床的运动部件较多,为简化传动装置,使用多电机拖动,主电动机承担主钻削及进给任务,摇臂升降及其夹紧放松、立柱夹紧放松和冷却泵各用一台电动机拖动。

(2)为了适应多种加工方式的要求,主轴及进给应在较大范围内调速。但这些调速都是机械调速,用手柄操作变速箱调速,对电动机无任何调速要求。从结构上看,主轴变速机构与进给变速机构应该放在一个变速箱内,而且两种运动由一台电动机拖动是合理的。

(3)加工螺纹时要求主轴能正反转。摇臂钻床的正反转一般用机械方法实现,电动机只需单方向旋转。

(4)为了实现主轴箱、内外立柱和摇臂的夹紧与放松,要求液压泵电动机正反转。

(5)要求有必要的联锁与保护环节,并有安全可靠的局部照明和信号指示。

3.3.2　Z3040 型摇臂钻床的电气控制电路分析

Z3040 摇臂钻床的电气原理图如图 3-8 所示。M1 为主轴电动机,M2 为摇臂升降电动机,M3 为液压泵电动机,M4 为冷却泵电动机,QS 为电源总开关。

主轴箱上的四个按钮 SB2、SB1、SB3、SB4 分别是主轴电动机 M1 起、停按钮,摇臂上升、下降按钮。主轴箱转盘上的两个按钮 SB5、SB6 分别为主轴箱及立柱松开按钮和夹紧按钮。转盘为主轴箱左右移动手柄,操纵杆则操纵主轴的垂直移动,两者均可手动。主轴也可机动进给。

1.主电路分析

M1 为单向旋转,由接触器 KM1 控制,主轴的正反转则由机床液压系统操作机构配合正、反转摩擦离合器实现,并由热继电器 FR1 作电动机长期过载保护。

M2 由正、反转接触器 KM2、KM3 控制实现正反转。控制电路保证在操纵摇臂升降时,首先使液压泵电动机启动旋转,供出压力油,经液压系统将摇臂松开,然后才使电动机 M2 启动,拖动摇臂上升或下降。当移动到位后,保证 M2 先停下,再自动通过液压系统将摇臂夹紧,最后液压泵电动机才停下。M2 为短时工作,不设长期过载保护。

M3 由接触器 KM4、KM5 实现正反转控制,并由热继电器 FR2 作长期过载保护。

M4 电动机容量小,仅 0.125 kW,由开关 SA1 控制其启停。

2.控制电路分析

控制电路的电源由变压器 T 将交流电压 380 V 降为 110 V 提供。指示灯电源电压为6.3 V。

主轴电动机的控制:

按下起动按钮SB2 → KM1线圈通电吸合并自锁 —┬→ KM1主触头闭合 → M1起动运行。
　　　　　　　　　　　　　　　　　　　　　　　└→ KM1辅助常开触头闭合 → HL3亮。

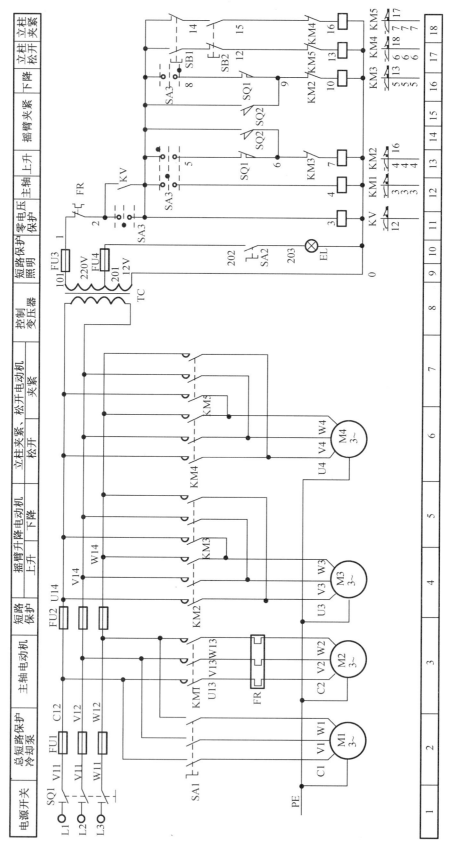

图 3－8　Z3040 型摇臂钻床的电气原理图

按下停止按钮 SB1→KM1 线圈断电释放→KM1 主触头断开→M1 断电停转,同时 HL3 熄灭。

（1）摇臂升降控制

摇臂通常处于夹紧状态,使丝杆免受载荷。在控制摇臂升降时,除升降电动机 M2 需转动外,还需要摇臂夹紧机构、液压系统协调配合,完成夹紧→松开→夹紧动作。工作过程如下:

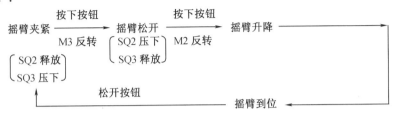

M3 正转,M2 停转。

（SQ2 压下是 M2 转动的指令,SQ3 压下是夹紧的标志）

①摇臂松开阶段:按下摇臂上升按钮 SB3（不松开）,时间继电器 KT 线圈通电动作。其过程为:

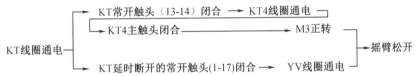

②摇臂上升:摇臂夹紧机构松开后,行程开关 SQ3 释放,SQ2 压下。其过程如下:

摇臂松开
- SQ3常闭触头(1-17)闭合→YV仍通电。
- SQ2→常闭触头(6-13)断开→KM4线圈断电→M3停转。
- SQ2常开触头(6-7)闭合→KM2线圈通电→M2正转→摇臂上升。

③摇臂上升到位:松开按钮 SB3,摇臂又夹紧。其过程为:

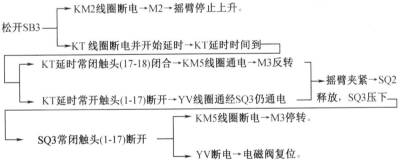

原理图中的组合限位开关 SQ1 是摇臂上升或下降至极限位置时的保护开关。SQ1 与一般限位开关不同,其两对常闭触头不同时动作。其作用是当摇臂上升或下降到极限位置时被压下,其常闭触头断开,使 KM2 或 KM3 线圈断电释放,M2 停转不再带动摇臂上升或下降,防止碰坏机床。摇臂下降控制电路的工作原理分析与摇臂上升控制电路相似,只是要按下按钮 SB4,请读者仿照上升控制电路自行分析。

（2）主轴箱和立柱松开与夹紧的控制

主轴箱和立柱松开与夹紧的控制是由松开按钮 SB5 和夹紧按钮 SB6 控制的正反转点动控制实现的。这里以夹紧机构松开为例,分析控制电路的工作原理。当机构处于夹紧状态时,行程开关 SQ4 被压下,夹紧指示灯 HL2 亮。按下 SB5→KM4 线圈通电→KM4 主触头闭合→M3 正转。由于 SB5 常闭触头断开,故使 YV 线圈不能通电。液压油供给主轴箱、立柱两夹紧机构,推动夹紧机构使主轴箱和立柱松开;SQ4 释放,指示灯 HL1 亮,表示主轴箱和立柱松开。而夹紧指示灯 HL2 熄灭。松开 SB5→KM4 线圈断电释放→M3 停转。

3. 照明及信号电路分析

机床局部照明灯 EL,由控制变压器 T 提供 24 V 安全电压,由手动开关 SA2 控制。信号指示灯 HL1～HL3,由控制变压器 T 二次侧提供另一 AC6.3V 电压,HL1 为主轴箱与立柱松开指示灯,灯亮表示已松开,可以手动操作主轴箱沿摇臂移动或推动摇臂回转。HL2 为主轴箱与立柱夹紧指示灯,灯亮表示已夹紧,可以进行钻削加工。HL3 为主轴旋转工作指示灯。

3.3.3　Z3040 型摇臂钻床电气控制电路常见故障分析与检修

摇臂钻床电气控制的核心部分是摇臂升降、立柱和主轴箱的夹紧与松开。Z3040 型摇臂钻床的工作过程是由电气、机械以及液压系统紧密配合实现的。因此,在维修中不仅要注意电气部分是否正常工作,而且也要注意它与机械和液压部分的协调关系。

1. 摇臂不能升降

由摇臂升降过程可知,升降电动机 M2 运行,带动摇臂升降,其条件是使摇臂从立柱上完全松开后,活塞杆压合位置开关 SQ2。所以发生故障时,应首先检查位置开关 SQ2 是否动作,如果 SQ2 不动作,常见故障是 SQ2 的安装位置移动或已损坏。这样,摇臂虽已放松,但活塞杆压不上 SQ2,摇臂就不能升降。有时,液压系统发生故障,使摇臂放松不够,也会压不上 SQ2,使摇臂不能运动。由此可见,SQ2 的位置非常重要,排除故障时,应配合机械、液压调整好后紧固。

另外,电动机 M3 电源相序接反时,按下上升按钮 SB4(或下降按钮 SB5),M3 反转,使摇臂夹紧,压不上 SQ2,摇臂也就不能升降。所以,在钻床大修或安装后,一定要检查电源相序。

2. 摇臂升降后,摇臂夹不紧

由摇臂夹紧的动作过程可知,夹紧动作的结束是由位置开关 SQ3 来完成的。如果 SQ3 动作过早,则会使 M3 尚未充分夹紧就停转。常见的故障原因是 SQ3 位置安装不合适,或固定螺钉松动造成 SQ3 移位,使 SQ3 在摇臂夹紧动作未完成时就被压上,断开 KM5 线圈回路,M3 停转。排除故障时,首先判断是液压系统的故障还是电气系统的故障,对电气部分的故障,重新调整 SQ3 的动作距离,固定好螺钉即可。

3. 立柱、主轴箱不能夹紧或松开

立柱、主轴箱不能夹紧或松开的可能原因是液压系统油路堵塞、接触器 KM4 或 KM5 不能吸合。出现故障时,应检查按钮 SB5、SB6 接线情况是否良好。若 KM4 或 KM5 能吸合,M3 能运转,可排除电气部分的故障,则应检查液压系统的油路,以确定是否是油路故障。

4. 摇臂上升或下降,限位保护开关失灵

组合限位开关 SQ1 的失灵分两种情况:一是组合限位开关 SQ1 损坏,SQ1 触头不能因开关动作而闭合或接触不良使电路断开,由此使摇臂不能上升或下降;二是组合限位开关 SQ1 不能动作,触头熔焊,使电路始终处于接通状态,当摇臂上升或下降到极限位置后,摇臂升降电动机 M2 发生堵转,这时应立即松开 SB3 或 SB4。根据上述情况进行分析,找出故障原因,更换或修理失灵的组合开关 SQ1 即可。

5. 按下 SB6,立柱、主轴箱能夹紧,但释放后就松开

由于立柱、主轴箱的夹紧和松开机构都采用机械菱形块结构,所以这种故障多为机械原因造成,应进行机械部分的维修。

任务 3.4　XA6132 型卧式万能铣床的电气控制调试

铣床可用来加工平面、斜面、沟槽,安上分度头可以铣切直齿齿轮和螺旋面,安上圆工作台还可铣切凸轮和弧形槽,所以铣床在机械行业的机床设备中占有相当大的比重。铣床按结构型式和加工性能不同,可分为升降台式铣床、龙门铣床、仿形铣床和各种专用铣床等,其中又以卧式和立式万能铣床应用最为广泛。下面以 XA6132 型卧式万能铣床为例,分析中小型铣床的电气控制原理及故障分析。XA6132 型卧式万能铣床可用各种圆柱铣刀、圆片铣刀、角度铣刀、成型铣刀和端面铣刀,如果使用万能铣头、圆工作台、分度头等铣床附件,还可以扩大机床加工范围,因此 XA6132 型卧式万能铣床是一种通用机床,在金属切削机床中使用数量仅次于车床。

3.4.1　XA6132 型卧式万能铣床的主要结构及控制要求

1. XA6132 型卧式万能铣床的主要结构

XA6132 型万能铣床主要由底座、床身、主轴、悬梁、刀杆支架、工作台、溜板和升降台等几部分组成,如图 3-9 所示。箱形的床身 13 固定在底座 1 上,在床身内装有主轴传动机构和主轴变速机构。在床身的顶部有水平导轨,其上装着带有一个或两个刀杆支架 8 的悬梁 9。刀杆支架用来支承安装铣刀心轴的一端,而心轴的另一端固定在主轴上。在床身的前方有垂直导轨,一端悬挂的升降台 3 可沿垂直导轨做上下移动,升降台上装有进给传动机构和进给变速机构。在升降台上面的水平导轨上,装有溜板 5,溜板在其上做平行主轴轴线方向的运动(横向移动),从图 3-9 所示的工作台主视图角度看是前后运动。溜板上方装有可转动部分 6,卧式铣床与卧式万能铣床的唯一区别在于后者设有转动部分,而前者没有转动部分。转动部分对溜板可绕垂直轴线转动一个角度(通常为 ±45°)。在转动部分上又有导轨,导轨上安放有工作台 7,工作台在转动部分的导轨上做垂直于主轴轴线方向的运动(纵向移动,又称左右运动)。这样工作台在上下、前后、左右 3 个互相垂直方向上均可运动,再加上转动部分可对溜板垂直轴线方向移动一个角度,这样工作台还能在主轴轴线倾斜方向运动,从而完成铣螺旋槽的加工。为扩大铣削能力,还可以在工作台上安装圆工作台。

2. XA6132 型卧式万能铣床的运动形式

XA6132 型卧式万轮铣床的运动形式有主运动、进给运动及辅助运动。主轴带动铣刀的旋转运动为主运动;工件夹持在工作台上在垂直于铣刀轴线方向做直线运动称为进给运动,包括工作台上下、前后、左右 3 个互相垂直方向上的进给运动;而工件与铣刀相对位置的调整运动即工作台在上下、前后、左右 3 个互相垂直方向上的快速直线运动及工作台的回转运动为辅助运动。

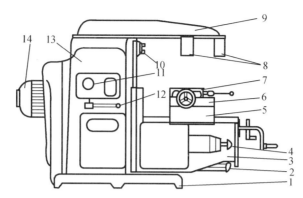

1—底座；2—进给电动机；3—升降台；4—进给变速手柄及变速盘；5—溜板；

6—转动部分；7—工作台；8—刀杆支架；9—悬梁；10—主轴；

11—主轴变速盘；12—主轴变速手柄；13—床身；14—主轴电动机。

图3-9 XA6132型卧式万能铣床结构示意图

3. XA6132型卧式万能铣床的电力拖动特点及控制要求

（1）XA6132型卧式万能铣床，主轴传动系统在床身内部，进给系统在升降台内，而且主运动与进给运动之间没有速度比例协调的要求。故采用单独传动，即主轴和工作台分别由主轴电动机和进给电动机拖动。而工作台进给与快速移动由进给电动机拖动；经电磁离合器传动来获得。

（2）主轴电动机处于空载下启动，为能进行顺铣和逆铣加工，要求主轴能实现正、反转，但旋转方向无须经常变换，仅在加工前预选主轴旋转方向。为此，主轴电动机应能正、反转，并由转向选择开关来选择电动机的转向。

（3）铣削加工是多刀多刃不连续切削，负载波动。为减轻负载波动的影响，往往在主轴传动系统中加入飞轮，使转动惯量加大，但为实现主轴快速停车，主轴电动机应设有停车制动。同时，主轴在上刀时，也应使主轴制动。为此，该铣床采用电磁离合器控制主轴停车制动和主轴上刀制动。

（4）工作台的垂直、横向和纵向3个方向的运动由一台进给电动机拖动，而3个方向的选择是由操纵手柄改变传动链来实现的。每个方向又有正反向的运动，这就要求进给电动机能正、反转。而且，同一时间只允许工作台有一个方向的移动，故应有联锁保护。

（5）使用圆工作台时，工作台不得移动，即圆工作台的旋转运动与工作台上下、左右、前后6个方向的运动之间有联锁控制。

（6）为适应铣刀加工需要，主轴转速与进给速度应有较宽的调节范围。XA6132型万能铣床采用机械变速，通过改变变速箱的传动比来实现，为保证变速时齿轮易于啮合，减少齿轮端面的冲击，要求变速时电动机有冲动控制。

（7）根据工艺要求，主轴旋转和工作台进给应有先后顺序控制，即进给运动要在铣刀旋转之后才能进行。加工结束必须在铣刀停转前停止进给运动。

（8）为供给铣削加工时的冷却液，应有冷却泵电动机拖动冷却泵。

（9）为适应铣削加工时操作者的正面与侧面操作要求，机床应对主轴电动机的启动与停止及工作台的快速移动进行控制，具有两地操作的性能。

（10）工作台上下、左右、前后6个方向的运动应具有限位保护。

（11）电路应具有必要的短路、过载、欠电压和失电压等保护环节，并有安全可靠的局部照明电路。

3.4.2　电磁离合器

XA6132 型卧式万能铣床主轴电动机停车制动、主轴上刀制动以及进给系统的工作台进给和快速移动皆由电磁离合器来实现。电磁离合器又称电磁联轴节。它是利用表明摩擦和电磁感应原理，在两个做旋转运动的物体间传递转矩的执行电器。由于它便于远距离控制，控制能量小，动作迅速、可靠，结构简单，故广泛应用于机床的电气控制。铣床上采用的是摩擦片式电磁离合器。

摩擦片式电磁离合器按摩擦片的数量可分为单片式和多片式两种，机床上普遍采用多片式电磁离合器，其结构如图 3-10 所示。在主动轴 1 的花链轴端，装有主动摩擦片 6，它可以轴向自由移动，但因系花链联接，故将随同主动轴一起转动。从动摩擦片 5 与主动摩擦片交替叠装，其外缘凸起部分卡在与从动齿轮 2 固定在一起的套筒 3 内，因而可以随从动齿轮转动，并在主动轴转动时它可以不转。当线圈 8 通电后产生磁场，将摩擦片吸向铁心 9，衔铁 4 也被吸住，紧紧压住各摩擦片。于是，依靠主动摩擦片与从动摩擦片之间的摩擦力，使从动齿轮随主动轴转动，实现转矩的传递。当电磁离合器线圈电压达到额定值的 85%～105% 时，离合器就能可靠地工作。当线圈断电时，装在内外摩擦片之间的圈状弹簧使衔铁和摩擦片复原，离合器便失去传递转矩的作用。

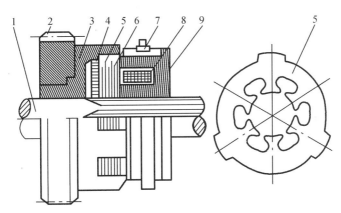

1—主动轴；2—从动齿轮；3—套筒；4—衔铁；5—从动摩擦片；6—主动摩擦片；7—电刷与集电环；8—线圈；9—铁芯。

图 3-10　多片式摩擦电磁离合器结构示意图

3.4.3　XA6132 型卧式万能铣床的电气控制电路分析

XA6132 型卧式万能铣床的电气控制原理图如图 3-11 所示。图中 M1 为主轴电动机，M2 为工作台进给电动机，M3 为冷却泵电动机。该电路的突出特点：一是采用电磁离合器控制；二是机械操作与电气开关动作密切配合进行。因此，在分析电气控制原理图之前应对机械操作手柄与相应电气开关的动作关系，各开关的作用以及各开关的状态都应作一一了解。如 SQ1、SQ2 为与纵向机构操作手柄有机械联系的纵向进给行程开关；SQ3、SQ4 为与垂直、横向机构操作手柄有机械联系的垂直、横向行程开关，SQ5 为主轴变速冲动开关，SQ6 为进给变速冲动开关，SA1 为冷却泵选择开关，SA2 为主轴上刀制动开关，SA3 为圆工作台转换开关，SA4 为主轴电动机转向预选开关等，然后再分析电路。

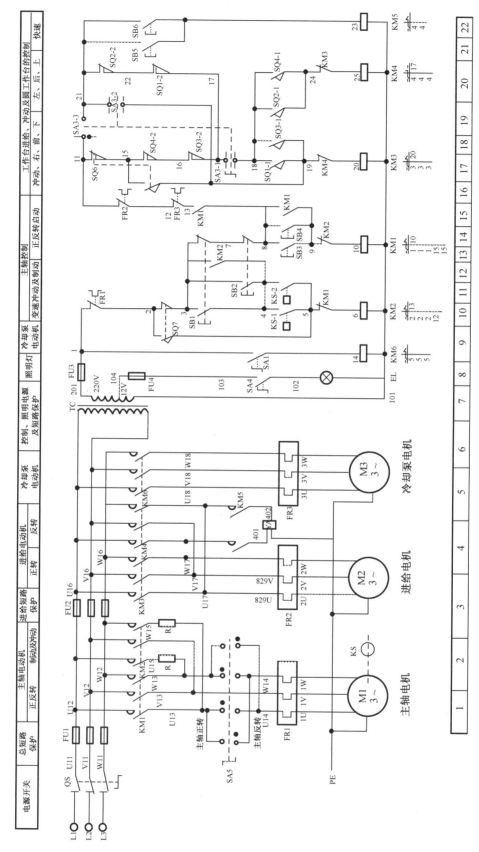

图 3-11 XA6132 型卧式万能铣床的电气控制原理图

1. 主电路分析

三相交流电源由低压断路器 QF 控制。主轴电动机 M1 由接触器 KM1、KM2 控制实现正反转,过载保护由 FR1 实现。进给电动机 M2 由接触器 KM3、KM4 控制实现正反转,FR2 做过载保护,FU1 做短路保护。冷却泵电动机 M3 容量只有 0.125 kW,由中间继电器 KA3 控制,单向旋转,由 FR3 做过载保护。整个电气控制电路由 QF 做过电流保护、过载保护以及欠电压、失电压保护。

2. 控制电路分析

控制变压器 T1 将交流 380 V 变换为交流 110 V,供给控制电路电源,由 FU2 做短路保护。整流变压器 T2 将交流 380 V 变换为交流 28 V,再经桥式全波整流成 24 V 直流电,作为电磁离合器电路电源,由 FU3、FU4 做整流桥交流侧、直流侧短路保护。照明变压器 T3 将交流 380 V 变换成 24 V 交流电压,作为局部照明电源。

(1)主拖动控制电路分析

①主轴电动机的启动控制

主轴电动机 M1 由接触器 KM1、KM2 来实现正、反转全压启动,由主轴换向开关 SA4 来预选电动机的正反转。由停止按钮 SB1 或 SB2,启动按钮 SB3 或 SB4 与 KM1、KM2 构成主轴电动机正反转两地操作控制电路。启动时,应将电源引入低压断路器 QF 闭合,再把换向开关 SA4 拨到主轴所需的旋转方向,然后按下启动按钮 SB3 或 SB4→中间继电器 KA1 线圈通电并自锁→触头 KA1(12-13)闭合→KM1 或 KM2 线圈通电吸合→其主触头闭合→主轴电动机 M1 定子绕组接通三相交流电源实现全压启动。而 KM1 或 KM2 的一对辅助常闭触头 KM1(104-105)或 KM2(105-106)断开→主轴电动机制动电磁离合器 YC1 电路断开。继电器的另一触头 KA1(20-12)闭合,为工作台的进给与快速移动做好准备。

②主轴电动机的制动控制

由主轴停止按钮 SB1 或 SB2,正转接触器 KM1 或反转接触器 KM2 以及主轴制动电磁离合器 YC1 构成主轴制动停车控制环节。电磁离合器 YC1 安装在主轴传动链中与主轴电动机相连的第一根传动轴上,主轴停车时,按下 SB1 或 SB2→KM1 或 KM2 线圈断电释放→其主触头断开→主轴电动机 M1 断电;同时 KM1(104-105)或 KM2(105-106)复位闭合→YC1 线圈通电,产生磁场,在电磁吸力作用下将摩擦片压紧产生制动→主轴迅速制动。当松开 SB1 或 SB2→YC1 线圈断电→摩擦片松开,制动结束。这种制动方式迅速、平稳,制动时间不超过 0.5 s。

③主轴上刀换刀时的制动控制

在主轴上刀或更换铣刀时,主轴电动机不得旋转,否则将发生严重的人身事故。为此,电路设有主轴上刀制动环节,它是由主轴上刀制动开关 SA2 控制的。在主轴上刀换刀前,将 SA2 扳到"接通"位置→其常闭触头 SA2(7-8)先断开→主轴启动控制电路断电→主轴电动机不能启动旋转;而常开触头 SA2(106-107)后闭合→主轴制动电磁离合器 YC1 线圈通电→主轴处于制动状态。上刀换刀结束后,再将 SA2 扳至"断开"位置→触头 SA2(106-107)先断开→解除主轴制动状态。而触头 SA2(7-8)复位闭合,为主电动机启动做准备。

④主轴变速冲动控制

主轴变速操纵箱装在床身左侧窗口上,变换主轴转速的操作顺序(图3-9)如下:

a.将主轴变速手柄 12 压下,将手柄的榫块自槽中滑出,然后拉动手柄,使榫块落到第二道槽内为止。

b. 转动变速刻度盘 11,把所需转速对准指针。

c. 把手柄推回原来位置,使榫块落进槽内。

在将变速手柄推回原来位置时,将瞬时压下主轴变速行程开关 SQ5→触头 SQ5(8-10)断开、触头 SQ5(8-13)闭合→KM1 线圈瞬时通电吸合→其主触头瞬间接通→主轴电动机作瞬时点动,利于齿轮啮合。当变速手柄榫块落入槽内时, SQ5 不再受压→触头 SQ5(8-13)断开→切断主轴电动机瞬时点动电路→主轴变速冲动结束。

主轴变速行程开关 SQ5 的常闭触头 SQ5(8-10)是为主轴旋转时进行变速而设的,此时无须按下主轴停止按钮,只需将主轴变速手柄拉出→压下 SQ5→其常闭触头 SQ5(8-10)断开→断开主轴电动机接触器的 KM1 或 KM2 线圈电路→电动机自然停车;而后再进行主轴变速操作,电动机进行变速冲动,完成变速。变速完成后尚须再次启动电动机,主轴将在新选择的转速下启动旋转。

(2)进给拖动控制电路分析

工作台进给方向的左右纵向运动,前后的横向运动和上下的垂直运动,都是由进给电动机 M2 的正反转实现的。而正、反转接触器 KM3、KM4 是由行程开关 SQ1、SQ3 与 SQ2、SQ4 来控制的,行程开关又是由两个机械操作手柄控制的。这两个机械操作手柄,一个是纵向机械操作手柄,另一个是垂直与横向操作手柄。扳动机械操作手柄,在完成相应的机械挂挡同时,压合相应的行程开关,从而接通接触器,启动进给电动机,拖动工作台按预定方向运动。在工作进给时,由于快速移动继电器 KA2 线圈处于断电状态,而进给移动电磁离合器 YC2 线圈通电,工作台的运动是工作进给。

纵向机械操作手柄有左、中、右三个位置,垂直与横向机械操作手柄有上、下、前、后、中五个位置。SQ1、SQ2 为与纵向机械操作手柄有机械联系的行程开关;SQ3、SQ4 为与垂直、横向操作手柄有机械联系的行程开关。当这两个机械操作手柄处于中间位置时,SQ1~SQ4 都处于未被压下的原始状态,当扳动机械操作手柄时,将压下相应的行程开关。SA3 为圆工作台转换开关,其有"接通"与"断开"两个位置,三对触头。当不需要圆工作台时,SA3 置于"断开"位置,此时触头 SA3(24-25)、SA3(19-28)闭合,SA3(28-26)断开。当使用圆工作台时,SA3 置于"接通"位置,此时 SA3(24-25)、SA3(19-28)断开,SA3(28-26)闭合。

在启动进给电动机之前,应先启动主轴电动机,即合上电源开关 QF,按下主轴启动按钮 SB3 或 SB4→中间继电器 KA1 线圈通电并自锁→其常开触头 KA1(20-12)闭合→为启动进给电动机做准备。

①工作台纵向进给运动的控制

若需要工作台向右工作进给,则将纵向进给操作手柄扳向右侧,在机械上通过联动机构接通纵向进给离合器,在电气上压下行程开关 SQ1→常闭触头 SQ1(29-24)先断开→切断通往 KM3、KM4 的另一条通路;常开触头 SQ1(25-26)后闭合→进给电动机 M2 的接触器 KM3 线圈通电吸合→M2 正向启动旋转→拖动工作台向右工作进给。向右进给工作结束,将纵向进给操作手柄由右位扳到中间位置,行程开关 SQ1 不再受压→常开触头 SQ1(25-26)断开→KM3 线圈断电释放→M2 停转→工作台向右进给停止。工作台向左进给的电路与向右进给时相仿。此时是将纵向进给操作手柄扳向左侧,在机械挂挡的同时,电气上压下的是行程开关 SQ2→反转接触器 KM4 线圈通电→进给电动机反转→拖动工作台向左进给。当将纵向操作手柄由左侧扳回中间位置时,向左进给结束。

②工作台向前与向下进给运动的控制

将垂直与横向进给操作手柄扳到"前"位置,106 在机械上接通了横向进给离合器,在电气上压下行程开关 SQ3→SQ3(23-24)断开、SQ3(25-26)闭合→正转接触器 KM3 线圈通电吸合→其主触头闭合→进给电动机 M2 正向启动运行→拖动工作台向前进给。向前进给结束,将垂直与横向进给操作手柄扳回中间位置,SQ3 不再受压→SQ3(25-26)断开、SQ3(23-24)复位闭合→KM3 线圈断电释放→M2 停止转动→工作台向前进给停止。工作台向下进给电路工作情况与"向前"时完全相同,只是将垂直与横向操作手柄扳到"向下"位置,在机械上接通垂直进给离合器,电气上仍压下行程开关 SQ3→KM3 线圈通电吸合→其主触头闭合→M2 正转→拖动工作台向下进给。

③工作台向后与向上进给的控制

电路情况与向前和向下进给运动的控制相仿,只是将垂直与横向操作手柄扳到"向后"或"向上"位置,在机械上接通垂直或横向进给离合器,电气上都是压下行程开关 SQ4→SQ4(22-23)断开、SQ4(25-30)闭合→反向接触器 KM4 线圈通电吸合→其主触头闭合→M2 反向启动运行→拖动工作台实现向后或向上的进给运动。当操作手柄扳回中间位置时,进给结束。

④进给变速冲动控制

进给变速冲动只有在主轴启动后,纵向进给操作手柄,垂直与横向操作手柄均置于中间位置时才可进行。进给变速箱是一个独立部件,装在升降台的左边,进给速度的变换是由进给操纵箱来控制的,进给操纵箱位于进给变速箱前方。进给变速的操作顺序是:

a. 将蘑菇形手柄拉出。

b. 转动手柄,把刻度盘上所需的进给速度值对准指针。

c. 把蘑菇形手柄向前拉到极限位置,此时借变速孔盘推压行程开关 SQ6。

d. 将蘑菇形手柄推回原位,此时 SQ6 不再受压。

就在蘑菇形手柄已向前拉到极限位置,且没有被反向推回之时,SQ6 压下→SQ6(19-22)断开、SQ6(22-26)闭合→正向接触器 KM3 线圈瞬时通电吸合→进给电动机 M2 瞬时正向旋转,获得变速冲动。如果一次瞬间点动时齿轮仍未进入啮合状态,则变速手柄不能复原,可再次拉出手柄并再次推回,实现再次瞬间点动,直到齿轮啮合为止。

⑤进给方向快速移动的控制

进给方向的快速移动是由电磁离合器改变传动链来获得的。先开动主轴,将进给操作手柄扳到所需移动方向对应位置,则工作台按操作手柄选择的方向以选定的进给速度做工作进给。此时如按下快速移动按钮 SB5 或 SB6→快速移动中间继电器 KA2 线圈通电吸合→其常闭触头 KA2(104-108)先断开→切断工作进给离合器 YC2 线圈支路;常开触头 KA2(110-109)后闭合→快速移动电磁离合器 YC3 线圈通电→工作台按原运动方向作快速移动。松开 SB5 或 SB6,快速移动立即停止,仍以原进给速度继续进给,所以快速移动为点动控制。

(3)圆工作台的控制

圆工作台的回转运动是由进给电动机经传动机构驱动的,使用圆工作台时,首先把圆工作台转换开关 SA3 扳到"接通"位置。按下主轴启动按钮 SB3 或 SB4→KA1、KM1 或

KM2 线圈通电吸合→主轴电动机 M1 启动旋转。接触器 KM3 线圈经 SQ1~SQ4 行程开关的常闭触头和 SA3 的常开触头 SA3（25—26）通电吸合→进给电动机 M2 启动旋转→拖动圆工作台单向回转。此时工作台进给两个机械操作手柄均处于中间位置。工作台不动，只拖动圆工作台回转。

（4）冷却泵和机床照明的控制

冷却泵电动机 M3 通常在铣削加工时由冷却泵转换开关 SA1 控制，当 SA1 扳到"接通"位置→冷却泵启动继电器 KA3 线圈通电吸合→其常开触头闭合→M3 启动旋转。FR3 作为冷却泵电动机 M3 的长期过载保护。机床照明由照明变压器 TC3 供给 24 V 安全电压，并由控制开关 SA5 控制照明灯 EL1。

（5）控制电路的联锁与保护

①主运动与进给运动的顺序联锁

进给电气控制电路接在中间继电器 KA1 的常开触头 KA1（20—12）之后，就保证了只有在启动主轴电动机 M1 之后才可启动进给电动机 M2，而当主轴电动机停止时，进给电动机也立即停止。

②工作台 6 个方向的联锁

铣刀工作时，只允许工作台一个方向的运动。为此，工作台上下、左右、前后 6 个方向之间都有联锁。其中工作台纵向操作手柄实现工作台左右运动方向的联锁；垂直与横向操作手柄实现上下、前后 4 个方向的联锁，但关键在于如何实现这两个操作手柄之间的联锁，为此电路设计成：接线点 22-24 之间由 SQ3、SQ4 常闭触头串联组成，28-24 之间由 SQ1、SQ2 常闭触头串联组成，然后在 24 号点并接后串于 KM3、KM4 线圈电路中，以控制进给电动机正反转。这样，当扳动纵向操作手柄时，SQ1 或 SQ2 被压下→其常闭触头断开→断开28-24 支路，但 KM3 或 KM4 仍可经 22-24 支路通电。若此时再扳动垂直与横向操作手柄，又将 SQ3 或 SQ4 压下→其常闭触头断开→断开 22-24 支路→KM3 或 KM4 线圈支路断开→进给电动机无法启动→实现了工作台 6 个方向之间的联锁。

③长工作台与圆工作台的联锁

圆形工作台的运动必须与长工作台 6 个方向的运动有可靠的联锁，否则将造成刀具与机床的损坏。这里由选择开关 SA3 来实现其相互间的联锁，当使用圆工作台时，选择开关 SA3 置于"接通"位置→其常闭触头 SA3（24-25）、SA3（19-28）先断开，常开触头 SA3（28-26）后闭合→M2 启动控制接触器 KM3 经由 SQ1~SQ4 常闭触头串联电路接通→M2 启动旋转→圆工作台运动。若此时又操作纵向或垂直与横向进给操作手柄→压下 SQ1~SQ4 中的某一个→断开 KM3 线圈电路→M2 立即停止→圆工作台也停止运动。若长工作台正在运动，扳动圆工作台选择开关 SA3 于"接通"位置→其常闭触头 SA3（24-25）断开→KM3 或 KM4 线圈支路断开→进给电动机 M2 也立即停止→长工作台也停止了运动。

④工作台进给运动与快速运动的联锁

工作台工作进给与快速移动分别由电磁离合器 YC2 与 YC3 传动，而 YC2 与 YC3 是由快速进给继电器 KA2 控制，利用 KA2 的常开触头与常闭触头实现工作台工作进给与快速运动的联锁。

⑤具有完善的保护

a.熔断器 FU1~FU5 实现相应电路的短路保护。

b. 热继电器 FR1~FR3 实现相应电动机的长期过载保护。

c. 低压断路器 QF 实现整个电路的过电流、欠电压、失电压等保护。

d. 工作台 6 个运动方向的限位保护采用机械与电气相配合的方法来实现,当工作台左、右运动到预定位置时,安装在工作台前方的挡铁将撞动纵向操作手柄,使其从左位或右位返回到中间位置,使工作台停止,实现工作台左右运动的限位保护。在铣床床身导轨旁设置了上、下两块挡铁,当升降台上下运动到一定位置时,挡铁撞动垂直与横向操作手柄,使其回到中间位置,实现工作台垂直运动的限位保护。工作台横向运动的限位保护是由安装在工作台左侧底部挡铁来撞动垂直与横向操作手柄,使其回到中间位置实现的。

⑥打开电气控制箱门断电的保护,在机床左壁龛上安装了行程开关 SQ7,SQ7 常开触头与低压断路器 QF 的失电压线圈串联,当打到控制箱门时 SQ7 触头断开,使低压断路器 QF 失电压线圈断电,QF 跳闸,达到开门断电的目的。

3.4.4　XA6132 型卧式万能铣床电气控制电路常见故障分析与检修

1. 主轴停车制动效果不明显或无制动

从工作原理分析,当主轴电动机 M1 启动时,因 KM1 或 KM2 接触器通电吸合,使电磁离合器 YC1 的线圈处于断电状态,当主轴停车时,KM1 或 KM2 接触器断电释放,断开主轴电动机电源,同时 YC1 线圈经停止按钮 SB1 或 SB2 常开触头接通而接通直流电源,产生磁场,在电磁吸力作用下将摩擦片压紧产生制动效果。若主轴制动效果不明显,通常是按下停止按钮时间太短,松开过早之故。若主轴无制动,有可能未将制动按钮按到底,致使 YC1 线圈无法通电,而无法制动。若并非此原因,则可能是整流后输出电压偏低,磁场弱,制动力小引起制动效果差,若主轴无制动也可能是 YC1 线圈断电而造成。

2. 主轴变速与进给变速时无变速冲动

出现此种故障,多为操作变速手柄压合不上主轴变速开关 SQ5 或压合不上进给变速开关 SQ6 之故,造成的原因主要是开关松动或开关移位,做相应的处理即可。

3. 工作台控制电路的故障

这部分电路故障较多,如工作台能向左、向右运动,但无垂直与横向运动。这表明进给电动机 M2 与 KM3、KM4 接触器运行正常,但操作垂直与横向手柄却无运动,这可能是手柄扳动后压合不上行程开关 SQ3 或 SQ4;也可能是 SQ1 或 SQ2 在纵向操作手柄扳回中间位置时不能复原。有时,进给变速冲动开关 SQ6 损坏,其常闭触头 SQ6(19-22)闭合不上,也会出现上述故障。

任务 3.5　Z3040 型摇臂钻床电气控制故障排除

3.5.1　任务目的

(1)熟悉 Z3040 型摇臂钻床电气控制电路的特点,掌握电气控制电路的动作原理,了解钻床摇臂升降、夹紧放松等各运动中行程开关在电路中所起的作用;

(2)了解 Z3040 型摇臂钻床电气控制电路中各电器位置及配线方式,熟悉各电器元件结构、型号规格、安装形式;

（3）能够对钻床进行电气操作，加深对钻床电气控制电路工作原理的理解；

（4）能正确使用万用表，利用相关电工工具等对电气控制电路进行有针对性的检查、测试和维修，进一步掌握一般机床电气设备的调试、故障分析和排除的方法与步骤。

3.5.2 设备与器材

本实训所需设备、器材见表3-1。

表3-1 实训所需的设备、器材

序号	名称	型号规格	数量	备注
1	Z3040型摇臂钻床电气控制板	自制	1	所需设备、器材型号规格仅供参考，可根据实训情况自定
2	万用表	MF47型	1	
3	绝缘电阻表	500 V	1	
4	钳形电流表	T30-A型	1	
5	常用电工工具		若干	

3.5.3 任务内容与步骤

（1）认真阅读实训电路原理图，理解其工作原理。Z3040型摇臂钻床电气原理图如图3-8所示。

（2）认识与检查电器

①根据电气原理图核对电器元件并记录各种电器型号、规格，查看各电器元件的外观有无破损、零部件是否齐全有效，接线端子及螺钉、垫片等有无缺损现象。

②检查熔断器熔体的容量与电动机的容量是否匹配，各主令电器的动作是否灵活，接触器相间隔板有无破损，触头闭合、复位是否灵活。

③打开热继电器盖板，观察热元件是否完好，用工具轻轻拨动绝缘导板，注意观察热继电器的常闭触头能否正常分断。

（3）检查电路

从电源端起，遵循先主电路后控制电路的原则，逐级检查电路，并认真检查所有端子接线的牢固程度，用手轻轻摇动、拉拔端子上的接线，有松动的用工具拧紧，避免虚接。必要时可用万用表欧姆挡检查主电路接线是否正确，有无短路、断路等现象。

（4）通电试验

检查后，经老师允许方可进行通电试验。

①运行操作

合上电源开关QS，根据电路工作原理和控制要求逐一对各控制环节进行操作控制，观察各台电动机是否能正常工作。

a. 主电动机 M1 的控制。按下启动按钮 SB2，使接触器 KM1 通电吸合，信号指示灯 HL3 亮，主轴电动机 M1 通电运行。按下停止按钮 SB1，使接触器 KM1 断电释放，信号指示灯 HL3 灭，主轴电动机 M1 断电停转。

b. 摇臂升降电动机 M2 与夹紧放松电动机 M3 的控制。按下摇臂上升(或下降)启动按钮 SB3(或 SB4),观察各电器的动作情况和电动机的运行情况。通电动作顺序是:时间继电器 KT 先通电吸合,其触头动作,使 YV、KM4 同时通电,液压泵电动机 M3 通电运行,使摇臂放松,当放松到位时,行程开关 SQ2 触头动作,使 KM4 断电,M3 断电停转。同时上升(或下降)控制的接触器 KM2(或 KM3)通电吸合,使升降电动机 M2 通电运行,拖动摇臂上升(或下降)。当摇臂上升(或下降)到位时,松开启动按钮 SB3(或 SB4),则 KM2(或 KM3)断电释放,使 M2 断电停转,摇臂停止升降。与此同时,KT 线圈断电并开始延时,当延时时间达到时,延时闭合的常闭触头闭合使 KM5 通电吸合,电动机 M3 反方向通电运行,使摇臂进行夹紧。夹紧到位时,行程开关 SQ3 动作,其常闭触头断开,使 KM5、YV 断电,M3 断电停转。即自动实现摇臂先放松,再升降,最后夹紧的顺序自动过程。

c. 主轴箱和立柱放松和夹紧的控制。主轴箱和立柱的放松与夹紧是同时进行的。分别先后按下放松按钮 SB5 和夹紧按钮 SB6,观察各电器的动作情况、液压泵电动机 M3 运行情况。注意观察主轴箱和立柱放松与夹紧指示灯 HL1 和 HL2 的变化情况。模拟 Z3040 型摇臂钻床各控制环节动作时,要注意各行程开关触头开、闭状态。如摇臂夹紧行程开关 SQ3,当摇臂夹紧时,SQ3 的触头是断开状态,实训开始时应将 SQ3 置于断开状态。

②故障诊断

由指导教师设置人为故障点 2~3 个后,根据故障现象进行分析,通过检测,查找出故障点。报告老师得到确认后,将故障现象、分析原因和检测查找过程填入实训表。在通电检查时要特别注意安全。

③结束实训

实训完毕后,首先切断电源,关好电气柜,清点实训设备与器材、仪表及工具等,老师检查。

表 3-2　故障分析表

故障现象	分析原因	检测查找过程

4.任务分析

(1)在 Z3040 型摇臂钻床电气原理图中,时间继电器 KT 有何作用? 其延时长短对钻床正常工作有何影响?

(2)在 Z3040 型摇臂钻床电气原理图中,时间继电器 KT 与电磁阀 YV 在什么时候动作? YV 动作时间比 KT 长还是短? 电磁阀在什么时候不动作?

(3)在 Z3040 型摇臂钻床电气原理图中,有哪些联锁与保护? 为什么要用这几种保护环节?

5.任务报告与考核要求

(1)实训报告要求

①绘出 Z3040 型摇臂钻床主拖动及制动的控制电路,并分析该电路的特点。

②总结实训中出现异常现象,试分析原因并写出收获、体会。

（2）考核要求

①在规定的时间内能找出故障点并能正确的分析和维修。

②维修工艺达到基本要求,维修后能正常运行。

③文明安全操作,没有安全事故。

任务 3.6 专项技能——通用机床电气调试与排故

3.6.1 KH-C6140 普通车床电气技能培训考核

1. 装置的基本配备

（1）交流电源(带有漏电保护措施)；

（2）人身安全保护体系；

（3）KH-C6140 铝面板；

（4）KH-C6140 铁面板；

（5）电动机,控制线路；

（6）故障开关箱。

2. 考核要求:

（1）熟练掌握 KH-C6140 车床电气分析

①主轴电动机控制

主电路中的 M1 为主轴电动机,按下启动按钮 SB2、KM1 得电吸合,辅助触点 KM1(5-6)闭合自锁,KM1 主触头闭合,主轴电机 M1 启动,同时辅助 4 触点 KM1(7-9)闭合,为冷却泵启动做好准备。

②冷却泵控制

主电路中的 M2 为冷却泵电动机。在主轴电机启动后,KM1(7-9)闭合,将开关 SA2 闭合,KM2 吸合,冷却泵电动机启动,将 SA2 断开,冷却泵停止,将主轴电机停止,冷却泵也自动停止。

③刀架快速移动控制

刀架快速移动电机 M3 采用点动控制,按下 SB3,KM3 吸合,其主触头闭合,快速移动电机 M3 启动,松开 SB3,KM3 释放,电动机 M3 停止。

④照明和信号灯电路

接通电源,控制变压器输出电压,HL 直接得电发光,作为电源信号灯。EL 为照明灯,将开关 SA1 闭合 EL 亮,将 SA1 断开,EL 灭,如图 3-12 所示。

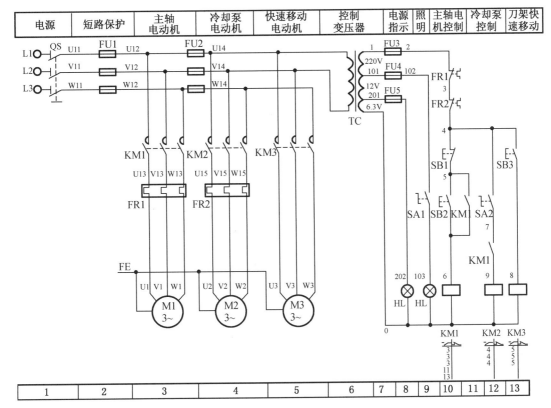

图3-12 KH-C6140型普通车床电气原理图

（2）熟练掌握C6140车床常见电气故障检修

①主轴电机不能启动

a.检查接触器KM1是否吸合,如果接触器KM1不吸合,首先观察电源指示灯是否亮,若电源指示灯亮,则检查KM3是否能吸合,若KM3能吸合则说明KM1和KM3的公共电路总部分（1-2-3-4）正常,故障范围在4-5-6-0内,若KM3也不能吸合,则要检查FU3有没有熔断,热断电器FR1、FR2是否动作,控制变压的输出电压是否正常,线路1-2-3-4之间有没有开路的地方。

b.若KM1能吸合,则判断故障在主电路上KM1能吸合,说明U、V相正常（若U、V相不正常,控制变压器输出就不正常,则KM1无法正常吸合）,测量U、W之间和V、W之间有无380 V电压,若没有,则可能是FU1的W相熔断或连线开路。

②主轴电机启动后不能自锁

按下启动按钮SB2后,主轴电动机能够启动,但松开SB2后,主轴电机也随之停止,造成这种故障的原因是KM1的自锁触点（5-6）接触不良或连线松动脱落。

③主轴电机在运行过程中突然停止

这种故障主要是由热线电器动作造成的,原因可能是三相电源不平衡、电源电压过低、负载过重等。

④刀架快速移动电动机不能启动

首先检查主轴电机能否启动,如果主轴电机能够启动,则有可能是SB3接触不良或导线松动脱落造成电路4-8间电路不通。故障点设置如图3-13所示。

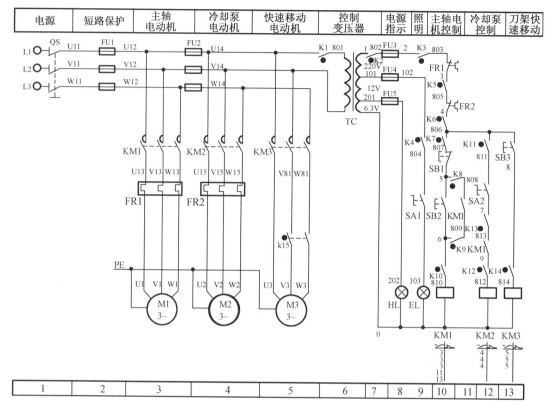

图 3-13　KH-C6140 普通车床电气故障设置图

（3）考核操作要求

设备可以通过人为设置故障来模仿实际机床的电气故障,采用"触点"绝缘、设置假线、导线头绝缘等方式,形成电气故障。考核者在通电运行明确故障后,进行分析,在切断电源,无电状态下,使用万用表检测直至排除电气故障。

3. 电气故障的设置原则

（1）人为设置的故障点,必须是模拟机床在使用过程中,由于受到振动、受潮、高温、异物侵入、电动机负载及线路长期过载运行、启动频繁、安装质量低劣和调整不当等原因造成的"自然"故障。

（2）切忌设置改动线路、换线、更换电器元件等由于人为原因造成的非"自然"的故障点。

（3）故障点的设置,应做到隐蔽且设置方便,除简单控制线路外,两处故障一般不宜设置在单独支路或单一回路中。

（4）对于设置一个以上故障点的线路,其故障现象应尽可能不要相互掩盖。否则学生在检修时,若检查思路尚清楚,但检修到定额时间的 2/3 还不能查出一个故障点时,可做适当的提示。

（5）应尽量不设置容易造成人身或设备事故的故障点,如有必要时,教师必须在现场密切注意学生的检修动态,随时做好采取应急措施的准备。

（6）设置的故障点,必须与学生应该具有的修复能力相适应。

4.考核准备及注意事项

（1）考核准备

①万用表等工具；

②考核者衣着工作服,三防绝缘鞋。

（2）操作注意事项

①设备应在考官指导下操作,安全第一。设备通电后,严禁在电器侧随意扳动电器件。进行排故训练考核,尽量采用不带电检修。

②在操作中若发出不正常声响,应立即断电,查明故障原因待修。故障噪声主要来自电机缺相运行,接触器、继电器吸合不正常等。

③发现熔芯熔断,应找出故障,方可更换同规格熔芯。

④在维修设置故障中不要随便互换线端处号码管。

⑤学员操作时用力不要过大,速度不宜过快;操作频率不宜过于频繁。

⑥考试结束后,应拔出电源插头,将各开关置分断位。

职业技能鉴定维修电工(中级/高级)评分表见表3-3。

表3-3　职业技能鉴定维修电工(中级/高级)评分表
电气排故实操

考核项目:KH-C6140排故　　　　　　　　　　　　　　　　考生签字:

考核内容及要求	评分标准	扣分	得分	备注
一、设备启动,正确阅读原理图并操作排故设备:15分	正确操作设备得15分			
二、根据故障现象确定故障范围:20分	确定故障范围20分			
三、正确使用万用表进行排故测试:15分	A:15分　B:10分　C:5分			
四、排故思路正确:15分	A:15分　B:10分　C:5分			
五、排除故障并进行故障分析35分	(1)电路工作原理总述5分; (2)正确测试方法5分; (3)测试思路正确5分; (4)故障点分析20分			
六、安全文明操作	违反安全文明操作由考评员视情况扣分,所有在场的考评员签名有效;(未穿绝缘鞋,工作服扣15分)			
总分				

考评员签字:

考试时间:

3.6.2 KH-M7120型平面磨床 技能培训考核

1.装置的基本配备

（1）交流电源（带有漏电保护措施）；

（2）人身安全保护体系；

（3）KH-M7120 铝面板；

（4）KH-M7120 铁面板；

（5）电动机,控制线路；

（6）故障开关箱。

2.考核要求

（1）熟练掌握 KH-M7120 车床电气分析

①控制要求

a.砂轮电机、液压泵电动机和冷却泵电动机只要求单方向旋转,砂轮升降电动机要求能实现正反双向旋转,由于 3 台电机容量都不大,可直接采用直接启动。

b.冷却泵要求在砂轮电机启动后才能启动。

c.电磁吸盘要有充磁去磁控制电路,并能在电磁吸力不足时机床停止工作。

d.具有完善的保护环节。各电路的短路保护和电机的长期过载保护、零压、欠电压保护。

②运动形式

a.主运动:主运动即砂轮的旋转运动。

b.进给运动:包括垂直进给运动、横向进给运动和纵向进给运动。

c.垂直运动:滑座在立柱上的上下移动。

d.横向运动:砂轮箱在滑座上的水平移动。

e.纵向运动:工作台沿床身导轨的往复运动。

③M7120 平面磨床的电气控制分析

a.主电路分析

M1 为液压泵电动机,由 KM1 控制,M2 为砂轮电动机,由 KM2 控制, M3 为冷却泵电动机,在砂轮启动后同时启动,M4 为砂轮箱升降电动机,由 KM3、KM4 分别控制其正转和反转。

b.指示、照明分析

将电源开关 QS 合上后,控制变压器输出电压,"电源"指示 HL 亮,"照明"灯由开关 SA 控制,将 SA 闭合照明灯亮,将 SA 断开,照明灯灭。

c.液压泵电机和砂轮电机的控制

合上开关后,控制变压器输出的交流电压经桥式整流变成直流电压,使继电器 KUD 吸合,其触点 KUD(4-0)闭合,为液压泵电动机和砂轮电机启动做好准备。按下按钮 SB2, KM1 吸合,液压泵电机运转,按下按钮 SB1,KM1 释放,液压泵电动机停止。按下按钮 SA4, KM2 吸合,砂轮电机启动,同时冷却泵电动机也启动,按下按钮 SB5,KM2 释放,砂轮电机、冷却泵电机均停止,当欠电压零压时,KUD 不能吸合,其触头（4-0）断开,KM1、KM2 断开, M1、M2 停止工作。

d.砂轮升降电动机的控制

砂轮箱的升和降都是点动控制,分别由 8B5、8B6 来完成。按下 SB5,KM3 吸合,砂轮开降电动机正转,砂轮箱上升,松开 8B5,砂轮开降电动机停止。按下 SB6,KM4 吸合,砂轮升降电动机反转,砂轮箱下降,松开 8B6,砂轮升降电动机停止。

e. 充磁控制

按下 SB8,KM5 吸合并自锁,其主触头闭合,电磁吸盘 YH 线圈得电进行充磁并吸住工件,同时其辅助触头 KM5(16-1)断开,使 KM6 不可能闭合。

f. 退磁控制

在磨削加工完成之后,按下 SB7,切断电磁吸盘 YH 上的直流电源,由于吸盘和工件上均有剩磁,因此要对吸盘和工件进行去磁。按下点动按钮 SB9,接触器 KM6 吸合,其主触点闭合,电磁吸盘通入反向直流电流,使吸盘和工件去磁,在去磁时,为防止因时间过长而使工作台反向磁化,再次将工件吸位,因而去磁控制采用点动控制,KH-M7120 型平面磨床电气控制图如图 3-14 所示。

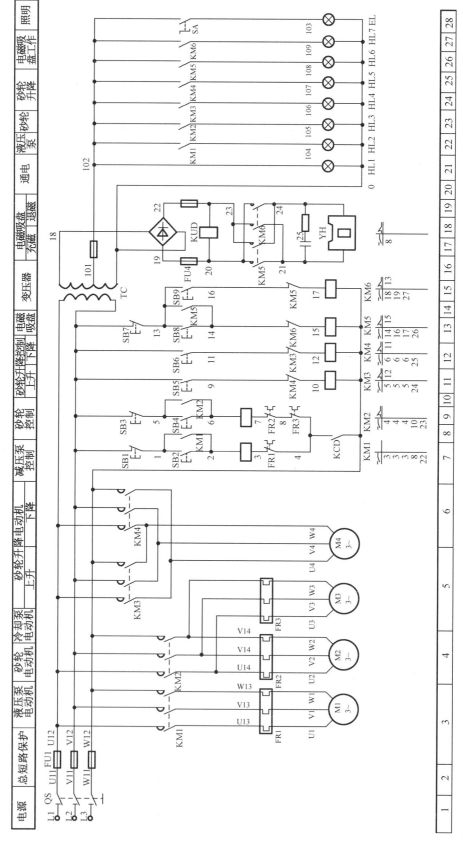

图 3-14 KH-M7120 型平面磨床电气控制图

（2）熟练掌握 KH-M7120 车床常见电气故障检修（表3-4）

表 3-4 　 KH-M7120 车床常见电气故障

故障开关	故障现象	备注
K1	机床无法启动	V12 断开,控制回路无电电压
K2	液压泵电动机无法启动	SB1 到 1 号线连线开路
K3	液压泵电动机无法启动	KM1 线圈到 2 号线连线开路
K4	液压泵电动机无法启动	FR1 到 4 号线连线开路
K5	液压泵电动机和砂轮电动机都有无法启动	KUD 触头 KUD(4-0)到 4 号线连线开路
K6	砂轮电动机无法启动	SB3 到 5 号线连线开路
K7	砂轮电动机无法启动	SB4 到 6 号线连线开路
K8	砂轮电动机控制无法自锁	KM2 自锁触头到 6 号线连线开路
K9	砂轮电动机无法启动	KM2 线圈到 6 号线连线开路
K10	砂轮电动机无法启动	FR2、FR3 之间连线 8 号线连线开路
K11	砂轮架无法上升	SB5、KM4 常开触头之间连线 9 号线开路
K12	砂轮架无法上升	KM3 线圈到 10 号线连线虎路
K13	砂轮架无法下降	SB6、KM4 常开触头之间连线 11 号线开路
K14	砂轮架无法下降	KM4 线圈、KM4 常开触头之间连线 12 号线开路
K15	电磁吸盘不能工作	SB7 到 13 号线连线开路,KM5、KM6 不能吸合
K16	电磁吸盘控制不能自锁	KM5 自锁触头到 14 号线连线开路
K17	电磁吸盘不能进行充磁	KM6 常闭触头到 14 号线连线开路,KM5 不能吸合
K18	电磁吸盘不能进行充磁	KM5 线圈到 15 号线连线开路,KM5 不能吸合
K19	电磁吸盘不能退磁	SB6、KM5 常开触头之间连线开路,KM6 不能吸合
K20	电磁吸盘不能退磁	KM6 线圈到 16 号线连线开路,KM6 不能吸合
K21	电盘吸盘不能工作	整流电路到 0 号线连线开路
K22	电盘吸盘不能工作	整流电路到 18 号线连线开路
K23	液压泵、砂轮电动机不能工作	KUD 线圈到正极连线开路
K24	电磁吸盘不能退磁	KM6 触头到 21 号线连线开路,电磁吸盘无电压
K25	电磁吸盘不能工作	电磁吸盘到 24 号线连线开路,电磁吸盘无电压

（3）考核操作要求

设备可以通过人为设置故障来模仿实际机床的电气故障,采用"触点"绝缘、设置假线、导线头绝缘等方式,形成电气故障。考核者在通电运行明确故障后,进行分析,在切断电源的无电状态下,使用万用表检测直至排除电气故障。

3.电气故障的设置原则

（1）人为设置的故障点,必须是模拟机床在使用过程中,由于受到振动、受潮、高温、异物侵入、电动机负载及线路长期过载运行、启动频繁、安装质量低劣和调整不当等造成的

"自然"故障。

（2）切忌设置改动线路、换线、更换电器元件等由人为原因造成的非"自然"的故障点。

（3）故障点的设置，应做到隐蔽且设置方便，除简单控制线路外，两处故障一般不宜设置在单独支路或单一回路中。

（4）对于设置一个以上故障点的线路，其故障现象应尽可能不要相互掩盖。否则学生在检修时，若检查思路尚清楚，但检修到定额时间的 2/3 还不能查出 一个故障点时，可做适当的提示。

（5）应尽量不设置容易造成人身或设备事故的故障点，若有必要，教师必须在现场密切注意学生的检修动态，随时做好采取应急措施的准备。

（6）设置的故障点，必须与学生应该具有的修复能力相适应。

4.考核准备及注意事项

（1）考核准备

①万用表等工具；

②考核者穿着工作服，三防绝缘鞋。

（2）操作注意事项

①设备应在考官指导下操作，安全第一。设备通电后，严禁在电器侧随意扳动电器件。进行排故训练考核，尽量采用不带电检修。

②在操作中若发出不正常声响，应立即断电，查明故障原因待修。故障噪声主要来自电机缺相运行，接触器、继电器吸合不正常等。

③发现熔芯熔断，应找出故障，方可更换同规格熔芯。

④在维修设置故障中不要随便互换线端处号码管。

⑤学员操作时用力不要过大，速度不宜过快；操作频率不宜过于频繁。

⑥考试结束后，应拔出电源插头，将各开关置分断位。

职业技能鉴定维修电工（中级/高级）评分表见表3-5。

表3-5　职业技能鉴定维修电工（中级/高级）评分表

电气排故实操

考核项目：KH-M7120 排故　　　　　　　　　　　　　　　　考生签字：

考核内容及要求	评分标准	扣分	得分	备注
一、设备启动，正确阅读原理图并操作排故设备：15分	正确操作设备得 15 分			
二、根据故障现象确定故障范围：20分	确定故障范围 20 分			
三、正确使用万用表进行排故测试：15分	A:15 分　B:10 分　C:5 分			
四、排故思路正确：15分	A:15 分　B:10 分　C:5 分			

表（续）

考核内容及要求	评分标准	扣分	得分	备注
五、排除故障并进行故障分析 35 分	(1)电路工作原理总述 5 分； (2)正确测试方法 5 分； (3)测试思路正确 5 分； (4)故障点分析 20 分			
六、安全文明操作	违反安全文明操作由考评员视情况扣分,所有在场的考评员签名有效;(未穿绝缘鞋、工作服扣 15 分)			
总分				

考评员签字：

考试时间：

【小结】

本部分内容对几种常用机床的电气控制进行了分析和讨论,其目的不仅要求掌握某一机床的电气控制,更为重要的是由此举一反三,掌握分析一般生产机械电气控制的方法,培养分析与排除电气设备故障的能力,进而为设计一般电气设备的控制电路打下基础。

1. 机床电气控制电路的一般分析方法

(1)了解机床基本结构、运动情况、工艺要求、操作方法,以期对机床有个总体了解,进而明确机床对电力拖动的要求,为阅读和分析电路做准备。

(2)阅读主电路,掌握电动机的台数和作用,结合该机床加工工艺要求分析电动机启动方法、有无正反转控制、采用何种制动、电动机的保护种类等。

(3)从机床加工工艺要求出发,一个环节一个环节地去阅读各台电动机的控制电路图。

(4)根据机床对电气控制的要求和机电液配合情况,进一步分析其控制方法以及各部分电路之间的联锁关系。

(5)统观全电路看有哪些保护环节。

(6)进一步总结出该机床的电气控制特点。

2. 各机床电气控制的特点

本部分内容对 CA6140 型普通车床、M7120 型平面磨床、Z3040 型摇臂钻床及 XA6132 型卧式万能铣床的电气控制进行了分析和讨论。在这些电路中,有许多环节是雷同的,都是一些基本控制环节有机的组合,然而各台机床的电气控制又各具特色,只有抓住了各台机床的特点,才抓住了个性、抓住了本质,也才能将各台机床的电气控制区别开。上述几种机床电气控制的特点是：

CA6140 普通车床设有快速移动电动机,拖动溜板箱快速移动;整个电路具有完善的人身安全保护环节:电源开关采用带开关锁时自动开关,机床控制配电盘壁龛门上装有安全开关,机床床头皮带罩上设有安全开关。

M7120 型平面磨床采用电磁吸盘吸持工件,对电磁吸盘的控制与保护环节是其主要特点。

Z3040 型摇臂钻床具有两套液压控制系统,即操纵机构液压系统和夹紧机构液压系统。电路与油路自动完成摇臂的松开—移动—夹紧的自动控制。

XA6132 型卧式万能铣床主轴电动机的停车制动和主轴上刀时的制动、工作台工作进给和快速进给均采用电磁离合器的传动装置控制;主轴与进给变速时均设有变速冲动环节;进给电动机的控制采用机械挂挡—电气开关联动的手柄操作,而且操作手柄扳动方向与工作台运动一致;工作台上下左右前后 6 个方向的运动具有联锁保护。

3. 机床电气控制的故障分析与检查

熟知检查电气控制电路的工作原理,了解各电器元件与机械操作手柄的关系是分析电气故障的基础;了解故障发生的情况及经过是关键,用万用表检查电路或用导线短路法查找故障点的方法。通过不断参加生产实践,不断提高阅读与分析电路图的能力,提高分析与排除故障的能力,培养设计电路图的能力。

【思考与习题】

3-1 CA6140 型普通车床电气控制具有哪些特点?

3-2 CA6140 型普通车床电气控制具有哪些保护? 它们是通过哪些电气元件实现的?

3-3 M7120 型平面磨床采用电磁吸盘来夹持工件有什么好处?

3-4 M7120 型平面磨床控制电路中欠电压继电器 KV 起什么作用?

3-5 M7120 型平面磨床具有哪些保护环节,各由什么电气元件来实现的?

3-6 M7120 型平面磨床的电磁吸盘没有吸力或吸力不足,试分析可能的原因。

3-7 分析 Z3040 型摇臂钻床电路中,时间继电器 KT 与电磁阀 YV 在什么时候动作? 时间继电器各触头作用是什么?

3-8 Z3040 型摇臂钻床电路中,行程开关 SQ1~SQ4 的作用是什么?

3-9 试述 Z3040 型摇臂钻床操作摇臂下降时电路的工作情况。

3-10 Z3040 型摇臂钻床电路中有哪些联锁与保护?

3-11 Z3040 型摇臂钻床发生故障,其摇臂的上升、下降动作相反,试由电气控制电路分析其故障的原因。

3-12 XA6132 型卧式万能铣床电气控制电路中,电磁离合器 YC1~YC3 的作用是什么?

3-13 XA6132 型卧式万能铣床电气控制电路中,行程开关 SQ1~SQ6 的作用各是什么?

3-14 XA6132 型卧式万能铣床电气控制具有哪些联锁与保护? 为何设有这些联锁与保护? 它们是如何实现的?

3-15 XA6132 型卧式万能铣床主轴变速能否在主轴停止或主轴旋转时进行,为什么?

项目 4　电子线路装焊与调试

【学习任务概况】

知识目标:熟悉电子元器件的工作特性;了解电子元器件选用;掌握各种电子元器件使用。

能力目标:学会电子元器件的线路绘制;初步掌握电子线路的制作,PCB 板的焊接。

思政目标:在电子线路装焊与调试中学会细心、耐心的工作心态,提高勤学苦练、吃苦耐劳的工匠精神,更适应我国现代工业智能化技术发展需求。

任务 4.1　电子基础认知

4.1.1　电路常识

1. 电压和电流

电压和电流是"亲兄弟",电流是从电压(位)高的地方流向电压(位)低的地方,有电流产生就一定是有电压存在,但有电压存在却不一定会产生电流 ——如果只有电压而没有电流,就可证明电路中有断路现象(比如电路中设有开关)。另外有时测量电压正常但测量电流时不一定正常,比如有轻微短路现象或某个元件的阻值变大现象等,所以在检修中一定要将电压值和电流值结合起来进行分析。注:电压的符号是"V",电流的符号是"A"。

2. 并联电路和串联电路

并联电路举个例子,五个人前后站成一列,他们的左手互相拉在一起,右手互相拉在一起,这个就是并联,只不过在电路中不是人手之间连接,而是用电器之间的进线端和出线端之间的连接,在并联电路中如果所用用电器的进线端互相都连接在一起,出线端互相也连接在一起,就是并联电路。

并联电路特点如下:如果在并联电路中的用电器进线端与出线端之间加上一个电压,那么所有用电器的进线端与出线端之间电压是一样的,即在并联电路中所有用电器之间电压相等,但是不同的用电器因为内部电阻不同,流过的电流也不同,即并联电路的分流现象。

串联电路举个例子,五个人左右站成一排,而不是一列,第一个人的右手和第二个人的左手拉在一起,第二个人的右手和第三个人的左手拉在一起,依次类推,这种现象就是串联,在电路中则是第一个用电器的出线端与下一个用电器的进线端相连接,第二个用电器的出线端与下一个用电器的进线端相连接,这就是串联电路。

串联电路特点如下:如果给串联在一起的用电器上加一个电压,即在第一个用电器的进线端与最后一个用电器的出线端之间加电压,那么流过所有用电器的电流都是一样的,电流的大小等于这个电压除以所有用电器的电阻之和;而由于不同用电器内部阻值的不同使得不同用电器之间的电压也有所不同,即串联电路的分压现象。

4.1.2　常用电子元器件

1. 电阻器

各种材料对它所通过的电流呈现有一定的阻力,这种阻力称为电阻,具有集总电阻这种物理性质的实体(元件)叫电阻器(简单地说就是有阻值的导体)。它的作用在电路中是非常重要的,在电脑各板卡及外设中的数量也是非常多的。电阻(图4-1)的分类也是多种多样的,如果按用处分类有:限流电阻、降压电阻、分压电阻、保护电阻、启动电阻、取样电阻、去耦电阻、信号衰减电阻等;如果按外形及制作材料分类有:金膜电阻、碳膜电阻、水泥电阻、无感电阻、热敏电阻、压敏电阻、拉线电阻、贴片电阻等;如果按功率分类有:1/16 W、1/8 W、1/4 W、1/2 W、1 W 等。

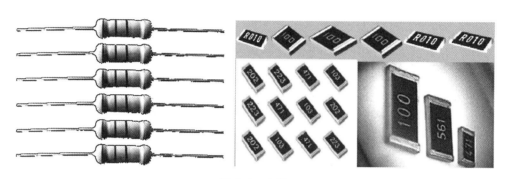

图4-1　电阻

阻值标称方法我们一定要知道,下面以最为常见的贴片电阻为例介绍一下(其他的电阻标称方法同样):贴片电阻的标称方法有数字法和色环法两种。先说数字法,通常电阻上有三个数字×××,前两个数字依次是十位和个位,最后的那个数字是 10 的×次方,这个电阻的具体阻值就是前两个数组成的两位数乘上 10 的×次方欧姆,如标有 104 的电阻器的阻值就是 100 000 Ω(即 100 kΩ)、标有 473 的电阻器的阻值就是 47 000 Ω(即 47 kΩ);下面再说一下色环法,这个标称方法是在所有电阻标称法中最普遍的(贴片外形的相对较少),常见的色环通常有四个环,我们把金色或银色环定为最后的那一环,前三个环的颜色都对应着相应的数字,数字后用上面说的数字法读其阻值,但一定要先知道什么颜色代表什么数字,所以有这样一个口诀——黑棕红橙黄绿蓝紫灰白,它们分别对应着 0123456789,至于金色和银色分别表示 10-1 和 10-2,这两色在四色环电阻中只是标明误差值而已,故只要了解即可。下面同样举两个例子说明,以便理解记忆,如标有棕黑黄银色环的电阻器的阻值是100 000 Ω(即 100 kΩ),标有黄紫橙金色环的电阻的阻值是 47 000 Ω(即 47 kΩ)。

还有一种五色环电阻,这种电阻都是一些阻值相对较小、精度相对较高的电阻器,由于其在电脑外设中也有应用,所以也介绍一下:它是以金色或银色为倒数第二个环,前三个色环分别是百位、十位、个位,最后一个色环是误差值,这样的电阻器的具体阻值就是前三个色环代表的三个数组成的三位数乘上 10 的负 1 次方或负 2 次方欧姆,如标有棕紫绿银棕色环的电阻器的阻值是 1.75 Ω。注:采用数字法的贴片电阻器多为黑色,电阻在电路中的符号为"R"。

2. 电容器

除电阻器外最常见的就是电容器了,简单地讲电容器就是储存电荷的容器。对于电容的外形可能多数搞硬件的人都知道,所以笔者只简单说一说。常见的电容(图4-2)按外形和制作材料分类可分为:贴片电容、钽电解电容、铝电解电容、OS固体电容、无极电解电容、瓷片电容、云母电容、聚丙烯电容。

图4-2　电容

其中贴片电容在电脑主机内的各种板卡上最为常见,但只有少量的贴片电容才有标识,有标识的贴片电容的容量读取方法和贴片电阻一样,只是单位符号为pF(1 000 000 pF=1 μF),至于多数贴片电容为什么没有标识,可能与其不易损坏有关系。在电脑电源盒和彩显以及很多外设中有很多瓷片电容和各种金属化电容,所以笔者也要说一下,这样的电容都属于无极性电容,它们的容量标称方法和数字型电阻一样,只是有的电容会用一个“n”,这个“n”的意思是1 000,而且它的所处位置和容量值也有关系,如标称10n的电容的容量就是10 000 pF(即0.01 μF)、标称为4n7的电容的容量就是4 700 pF(即4.7n)而并非是47 000 pF,至于这两种电容的耐压值,都是在电容上标出来的,如65 V、100 V、400 V等(只有少数不标,但通常也都在65 V以上)。注:贴片电容器多为灰色,电容在电路中的符号为“C”。

下面再说一说铝电解电容器,它的特点是容量大且成本低,所以被广泛应用在各板卡上和电源盒中以及绝大多数的外设中。有的厂家为了降低生产成本,采用很多耐压值相对比较低的电容,比如给5 V的电压用耐压6.5 V的滤波电容。此种做法虽然可行,但故障率稍高了一些,再加上它的热稳定性不是很高,所以更换铝电解电容器是很平常的事。只是在更换时要用耐压值在实际电压1.5倍以上的电容器,而且还要注意正负极不能接反,尤其是电源部分的电解电容更要注意这两点,否则就可能会发生电容爆裂事件。

3. 电感器

电感是用线圈制作的,它的作用多是扼流滤波和滤除高频杂波,它的外形有很多种:有的像电阻、有的像二极管、有的一看上去就是线圈。通常只有像电阻的那种电感才能读出电感值,因为只有这种有色环,其他的没有。贴片电感的外形和数字标识型贴片电阻是一样的,只是它没有数字,取而代之的是一个小圆圈。由于电感的使用数量不是太多,故大家只要了解一下即可。另外在一定意义上说各种变压器其实都是由电感器组成的。注:电感在电路中的符号为“L”。

4. 二极管

二极管(图4-3)属于半导体,它由N型半导体与P型半导体构成,它们相交的界面上形成 PN 结。二极管的主要特点是单向导通，反向截止，也就是正电压加在 P 极，负电压加在 N 极，所以二极管的方向性是非常重要的。

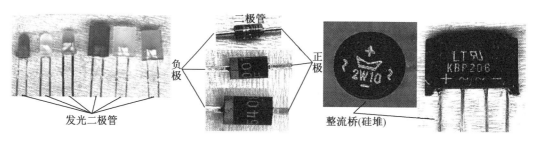

图 4-3　二极管

二极管从作用上分类可分为：整流二极管、降压二极管、稳压二极管、开关二极管、检波二极管、变容二极管；从制作材料上可分为硅二极管和锗二极管。无论是什么二极管，都有一个正向导通电压，低于这个电压时二极管就不能导通，硅管的正向导通电压为 0.6 ~ 0.7 V、锗管为 0.2 ~ 0.3 V，其中 0.7 V 和 0.3 V 是二极管的最大正向导通电压——即到此电压时无论电压再怎么升高（不能高于二极管的额定耐压值），加在二极管上的电压也不会再升高了。

上面说了二极管的正向导通特性，二极管还有反向导通特性，只是导通电压要相对高出正向许多，其他的和正向导通差不太多。稳压二极管就是利用这个原理做成的，但由于这个理论说下去可能篇幅会太长，所以只做简介，只要记住反向漏电流越小就证明这个二极管的质量越好，质量较好的硅管在几毫安至几十毫安之间、锗管在几十毫安至几百毫安之间。不同的二极管的不同作用：彩显中有很多整流二极管，有四个整流二极管的作用是将 220 V 的交流电变换成 300 V 的直流电，也就是最著名的整流桥电路，当然，有相当一部分彩显已将这四个二极管整合为一个硅堆了。不过无论是分立元件还是整合的，它们所使用的二极管都是低频二极管，但经过开关电源电路后输出的电压就要用开关二极管或快速恢复二极管。这一点一定要记住，因为如果用低频二极管去对高频电压整流的话是会烧掉二极管的，甚至会烧坏其他元件。不过如果是将高频二极管用到低频电路中是没有问题的。另外二极管和电容一样是有耐压值的，所以只有耐压值高于实际电压的二极管才能放心使用。稳压二极管也很常见，它能将较高的电压稳定到它的额定电压值上，但是它的接法和二极管是相反的，因为它利用的是反向导通原理。注：二极管在电路中的符号为"VD"或"D"，稳压二极管的符号为"ZD"。

5. 三极管

三极管（图 4-4）的作用是放大或开关或调节，它在电脑主机中为数不多，但在显示器以及一些外设中的数量就不是很少了。它可按半导体基片材料的不同分为 PNP 型和 NPN 型，看到这大家不难理解三极管就是两个二极管结合到了一起而已。但是在这里 P 和 N 已经不是单纯的正或负极的关系了，而是分为 B 极（基极）、C 极（集电极）、E 极（发射极），无论是 PNP 型还是 NPN 型，B 极都是控制极，只是 PNP 型三极管的 B 极要用低于发射极的电压进行导通控制，而 NPN 型三极管的 B 极要用高于发射极的电压进行导通控制。另外三极管也有最大耐压值和最大功率值，所以要尽量避免小马拉大车的情况发生，不然的话后果可能会很严重。

图4-4　三极管

注:三极管在电路中的符号是"VT"或"Q"或"V"。

6.电位器

电位器也可理解成阻值可变的可调电阻,但它并不同于可变电阻,电位器的引脚都在3脚以上。电位器的作用主要是调节各种信号或电压的值,除了主机中的各板卡以外,它的使用还是很广泛的,从彩显到有源多媒体音箱几乎所有设备都有电位器的存在。通常情况下,最好不要去动电路中的电位器(机外各种调节旋钮电位器除外),尤其是电源部分的,因为很多值在手工条件下是根本无法调节到最佳值的。

当然,如果是因为损坏而一定要更换时就另当别论了,但是也一定要选用同一规格的电位器且要把它调到和原电位器差不多的条件下再试机,这样做可保险一些。另外电位器(图4-5)的制作材料也不尽相同,大体上分三类:金属膜电位器、合成碳质电位器、金属-玻璃釉电位器。注:在电路中电位器的符号为"W"。

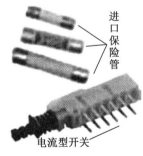

图4-5　电位器

7.结晶体管(双基极二极管)

单结晶体管又叫双基极二极管,它的符号和外形如图4-6所示。

判断单结晶体管发射极 E 的方法是:把万用表置于 $R \times 100$ 挡或 $R \times 1$ k 挡,黑表笔接假设的发射极,红表笔接另外两极,当出现两次低电阻时,黑表笔接的就是单结晶体管的发射极。单结晶体管 B1 和 B2 的判断方法是:把万用表置于 $R \times 100$ 挡或 $R \times 1$ k 挡,用黑表笔接发射极,红表笔分别接另外两极,两次测量中,电阻大的一次,红表笔接的就是 B1 极。

应当说明的是,上述判别 B1、B2 的方法,不一定对所有的单结晶体管都适用,有个别管子的 E—B1 间的正向电阻值较小。不过准确地判断哪极是 B1,哪极是 B2 在实际使用中并不特别重要。即使 B1、B2 用颠倒了,也不会使管子损坏,只影响输出脉冲的幅度(单结晶体管多作脉冲发生器使用),当发现输出的脉冲幅度偏小时,只要将原来假定的 B1、B2 对调过来就可以了。

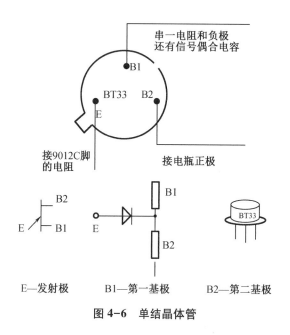

图 4-6　单结晶体管

8. 可控硅

可控硅(silicon controlled rectifier) 简称 SCR,是一种大功率电器元件,也称晶闸管。它具有体积小、效率高、寿命长等优点。在自动控制系统中,可作为大功率驱动器件,实现用小功率控件控制大功率设备。它在交直流电机调速系统、调功系统及随动系统中得到了广泛的应用。

可控硅分单向可控硅和双向可控硅两种。双向可控硅也叫三端双向可控硅,简称 TRIAC。双向可控硅在结构上相当于两个单向可控硅反向连接,这种可控硅具有双向导通功能。其通断状态由控制极 G 决定。在控制极 G 上加正脉冲(或负脉冲)可使其正向(或反向)导通。这种装置的优点是控制电路简单,没有反向耐压问题,因此特别适合做交流无触点开关使用。大家使用的是单向晶闸管,也就是人们常说的普通晶闸管,它是由四层半导体材料组成的,有三个 PN 结,对外有三个电极:第一层 P 型半导体引出的电极叫阳极 A,第三层 P 型半导体引出的电极叫控制极 G,第四层 N 型半导体引出的电极叫阴极 K。从晶闸管的电路符号(图 4-7)可以看到,它和二极管一样是一种单方向导电的器件,关键是多了一个控制极 G,这就使它具有与二极管完全不同的工作特性。

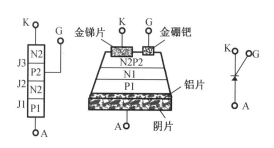

图 4-7　可控硅(晶闸管)

常见可控硅如下：

（1）2P4M

2P4M 可控硅外形图及符号标志如图 4-8 所示，其主要参数见表 4-1。

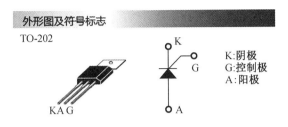

外形图及符号标志

TO-202

K:阴极
G:控制极
A:阳极

图 4-8　2P4M 可控硅外形图及符号标志

表 4-1　2P4M 可控硅主要参数

参数名称	数值	单位
电压	≥600	V
通态平均电流	2	A
通态压降	≤2.2	V

极限参数(绝对最大额定值)除非另有规定，这些极限值在整个工作范围内适用(表4-2)。

表 4-2　极限参数

序号	参数名称	符号		数值		单位
				最小值	最大值	
1	管壳温度	T_{case}		-40	110	℃
2	储存温度	T_{stg}		-40	150	℃
3	有效结温	T_j			110	℃
4	反向重复峰值电压 $R_{kg}=1\,000\;\Omega$	V_{RRM}	2P4M		400	V
			2P5M		500	
			2P6M		600	
5	断态重复峰值电压 $R_{kg}=1\,000\;\Omega$	V_{DRM}	2P4M		400	V
			2P5M		500	
			2P6M		600	
6	通态平均电流(180°导通角)	$I_{T(AV)}$		2		A
7	通态浪涌电流	I_{TSM}		20		A
8	通态电流临界上升率	dI/dt			50	A/μs
9	I^2t 值	I^2t		0.4		A^2s
10	控制极反向峰值电压	V_{RGM}		6		V
11	控制极正向峰值电流	I_{FGM}		0.2		A

表 4-2（续）

序号	参数名称	符号	数值 最小值	数值 最大值	单位
12	控制极峰值功率	P_{GM}	0.5		W
13	控制极平均功率	$P_{G(AV)}$	0.1		W

（2）MCR-100

MCR-100 可控硅外形如图 4-9 所示，其最大额定值及电特性见表 4-3 和表 4-4。

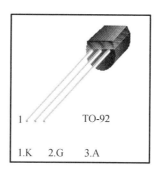

图 4-9　MCR-100 可控硅外形图

表 4-3　MCR-100 可控硅最大额定值（$T_A = 25\ ℃$）

参数（parameter）	符号（symbol）	额定值（rating）	单位（unit）
断态重复峰值电压（peak repetitive forward blocking voltage）	V_{DRM}	400	V
反向重复峰值电压（peak repetitive reverse blocking voltage）	V_{RRM}	400	V
通态平均电流（forward current RMS）	$I_{T(RSM)}$	1	A
通态不重复浪涌电流（peak forward surge current）	I_{TSM}	10	A
结温（operating junction temperature range）	T_J	110	℃
贮存温度（storage temperature range）	T_{atg}	$-40 \sim 150$	℃

表 4-4　MCR-100 可控硅电特性（$T_A = 25\ ℃$）

参数（parameter）	符号（symbol）	测试条件（test conditions）	最小值（min.）	最大值（max.）	单位（unit）
断态重复峰值电压（peak repetitive forward blocking voltage）	V_{DRM}	$I_D = 0.1\ mA$	400		V
断态重复峰值电流（peak forward blocking voltage）	I_{DRM}	$V_{DRM} = 520\ V$		0.5	mA
通态峰值电压（forward "On" voltage）	V_{TM}	$I_T = 2\ A$		1.7	V
维持电流（holding current）	I_H	$I_T = 1\ A,$ $I_{GT} = 0.12\ mA$		5	mA

表 4-4(续)

参数 (parameter)	符号 (symbol)	测试条件 (test conditions)	最小值 (min.)	最大值 (max.)	单位 (unit)
控制极触发电流 (gate trigger current(continuous dc))	I_{GT}	$V_{AK} = 6\ V$; $R_L = 100\ \Omega$	10	30	μA
			20	50	μA
			30	80	μA
			60	120	μA
控制极触发电压 (gate trigger voltage(continuous dc))	V_{GT}	$V_D = 6\ V$; $R_L = 100\ \Omega$	400	0.8	V

任务 4.2　印制电路板(PCB)的认知

PCB(printed circuit board),中文名称为印制电路板,又称印刷线路板,是重要的电子部件,是电子元器件的支撑体,是电子元器件电气相互连接的载体。由于它是采用电子印刷术制作的,故被称为"印刷"电路板。

4.2.1　印制电路板(PCB)

PCB 即印制线路板,简称印制板,是电子工业的重要部件之一。几乎每种电子设备,小到电子手表、计算器,大到计算机、通信电子设备、军用武器系统,只要有集成电路等电子元器件,为了使各个元器件之间的电气互连,都要使用印制线路板。印制线路板由绝缘底板、连接导线和装配焊接电子元器件的焊盘组成,具有导电线路和绝缘底板的双重作用。它可以代替复杂的布线,实现电路中各元器件之间的电气连接,不仅简化了电子产品的装配、焊接工作,减少传统方式下的接线工作量,大大减轻工人的劳动强度;而且缩小了整机体积,降低了产品成本,提高了电子设备的质量和可靠性。印制线路板具有良好的产品一致性,它可以采用标准化设计,有利于在生产过程中实现机械化和自动化。同时,整块经过装配调试的印制线路板可以作为一个独立的备件,便于整机产品的互换与维修。目前,印制线路板已经极其广泛地应用在电子产品的生产制造中。

印制线路板最早使用的是纸基覆铜印制板。自半导体晶体管于 20 世纪 50 年代出现以来,对印制板的需求量急剧上升。特别是集成电路的迅速发展及广泛应用,使电子设备的体积越来越小,电路布线密度和难度越来越大,这就要求印制板要不断更新。目前印制板的品种已从单面板发展到双面板、多层板和挠性板;结构和质量也已发展到超高密度、微型化和高可靠性程度;新的设计方法、设计用品和制板材料、制板工艺不断涌现。近年来,各种计算机辅助设计(CAD)印制线路板的应用软件已经在行业内普及与推广,在专门化的印制板生产厂家中,机械化、自动化生产已经完全取代了手工操作。

4.2.2　特点

PCB 之所以能受到越来越广泛的应用,是因为它有很多独特的优点,大致如下:

(1)可高密度化。多年来,印制板的高密度一直能够随着集成电路集成度的提高和安装技术的进步而相应发展。

（2）高可靠性。通过一系列检查、测试和老化试验等技术手段,可以保证PCB长期(使用期一般为20年)而可靠地工作。

（3）可设计性。对PCB的各种性能(电气、物理、化学、机械等)的要求,可以通过设计标准化、规范化等来实现。这样设计时间短、效率高。

（4）可生产性。PCB采用现代化管理,可实现标准化、规模(量)化、自动化生产,从而保证产品质量的一致性。

（5）可测试性。建立了比较完整的测试方法、测试标准,可以通过各种测试设备与仪器等来检测并鉴定PCB产品的合格性和使用寿命。

（6）可组装性。PCB产品既便于各种元器件进行标准化组装,又可以进行自动化、规模化的批量生产。另外,将PCB与其他各种元器件进行整体组装,还可形成更大的部件、系统,直至整机。

（7）可维护性。由于PCB产品与各种元器件整体组装的部件是以标准化设计与规模化生产的,因而,这些部件也是标准化的。所以,一旦系统发生故障,可以快速、方便、灵活地进行更换,迅速恢复系统的工作。PCB还有其他的一些优点,如使系统小型化、轻量化,信号传输高速化等。

4.2.3　功能

PCB在电子设备中具有如下功能:

（1）提供集成电路等各种电子元器件固定、装配的机械支承,实现集成电路等各种电子元器件之间的布线和电气连接或电绝缘,提供所要求的电气特性。

（2）为自动焊接提供阻焊图形,为元器件插装、检查、维修提供识别字符和图形。

（3）电子设备采用印制板后,由于同类印制板的一致性,避免了人工接线的差错,并可实现电子元器件自动插装或贴装、自动焊锡、自动检测,保证了电子产品的质量,提高了劳动生产率、降低了成本,并便于维修。

（4）在高速或高频电路中为电路提供所需的电气特性、特性阻抗和电磁兼容特性。

（5）内部嵌入无源元器件的印制板,提供了一定的电气功能,简化了电子安装程序,提高了产品的可靠性。

（6）在大规模和超大规模的电子封装元器件中,为电子元器件小型化的芯片封装提供了有效的芯片载体。

4.2.4　按层数分类

根据电路层数分类:PCB分为单面板、双面板和多层板。常见的多层板一般为4层板或6层板,复杂的多层板可达几十层。PCB板(图4-10)有以下三种主要的划分类型:

单面板(single-sided boards):在最基本的PCB上,零件集中在其中一面,导线则集中在另一面上(有贴片元件时和导线为同一面,插件器件在另一面)。因为导线只出现在其中一面,所以这种PCB叫作单面板(single-sided)。因为单面板在设计线路上有许多严格的限制(因为只有一面,布线间不能交叉而必须绕独自的路径),所以只有早期的电路才使用这类的板子。

双面板(double-sided boards):这种电路板(图4-11)的两面都有布线,不过要用上两面的导线,必须要在两面间有适当的电路连接才行。这种电路间的"桥梁"叫作导孔(via)。导孔是在PCB上,充满或涂上金属的小洞,它可以与两面的导线相连接。因为双面板的面积比单面板大了一倍,双面板解决了单面板中因为布线交错的难点(可以通过孔导通到另一面),它更适合用在比单面板更复杂的电路上。

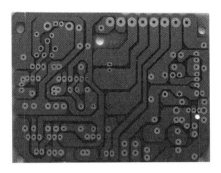

图4-10　PCB板

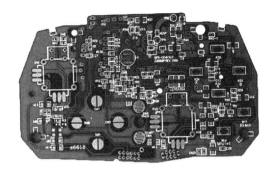

图4-11　双面板

4.2.5　布局

首先,要考虑PCB尺寸大小。PCB尺寸过大,印制线条长,阻抗增加,抗噪声能力下降,成本也增加;过小,则散热不好,且邻近线条易受干扰。在确定PCB尺寸后,再确定特殊元件的位置。最后,根据电路的功能单元,对电路的全部元器件进行布局。在确定特殊元器件的位置时要遵守以下原则:

(1)尽可能缩短高频元器件之间的连线,设法减少它们的分布参数和相互间的电磁干扰。易受干扰的元器件不能相互挨得太近,输入和输出元件应尽量远离。

(2)某些元器件或导线之间可能有较高的电位差,应加大它们之间的距离,以免放电引起意外短路。带高电压的元器件应尽量布置在调试时手不易触及的地方。

(3)质量超过15 g的元器件应当用支架加以固定,然后焊接。那些又大又重、发热量多的元器件,不宜装在印制板上,而应装在整机的机箱底板上,且应考虑散热问题。热敏元器件应远离发热元器件。

(4)对于电位器、可调电感线圈、可变电容器、微动开关等可调元件的布局应考虑整机的结构要求。若是机内调节,应放在印制板上方便调节的地方;若是机外调节,其位置要与调节旋钮在机箱面板上的位置相适应。

根据电路的功能单元,对电路的全部元器件进行布局时,要符合以下原则:

(1)按照电路的流程安排各个功能电路单元的位置,使布局便于信号流通,并使信号尽可能保持一致的方向。

(2)以每个功能电路的核心元器件为中心,围绕它来进行布局。元器件应均匀、整齐、紧凑地拉弯在PCB上,尽量减少和缩短各元器件之间的引线和连接。

(3)在高频下工作的电路,要考虑元器件之间的分布参数。一般电路应尽可能使元器件平行排列。这样,不但美观,而且装焊容易,易于批量生产。

(4)位于电路板边缘的元器件,离电路板边缘一般不小于2 mm。电路板的最佳形状为矩形,长宽比为3:2或4:3。电路板面尺寸大于200 mm×150 mm时,应考虑电路板所受的机械强度。

4.2.6　布线

布线原则如下:

(1)输入输出端用的导线应尽量避免相邻平行。最好加线间地线,以免发生反馈耦合。

（2）印制板导线的最小宽度主要由导线与绝缘基板间的黏附强度和流过它们的电流值决定。当铜箔厚度为 0.05 mm、宽度为 1~15 mm 时，通过 2 A 的电流，温度不会高于 3 ℃，因此导线宽度为 1.5 mm 可满足要求。对于集成电路，尤其是数字电路，通常选 0.02~0.3 mm 导线宽度。当然，只要允许，还是尽可能用宽线，尤其是电源线和地线。导线的最小间距主要由最坏情况下的线间绝缘电阻和击穿电压决定。对于集成电路，尤其是数字电路，只要工艺允许，可使间距小至 5~8 μm。

（3）印制导线拐弯处一般取圆弧形，而直角或夹角在高频电路中会影响电气性能。此外，尽量避免使用大面积铜箔，否则，长时间受热时，易发生铜箔膨胀和脱落现象。必须用大面积铜箔时，最好用栅格状，这样有利于排除铜箔与基板间黏合剂受热产生的挥发性气体。焊盘中心孔要比器件引线直径稍大一些。焊盘太大易形成虚焊。焊盘外径 D 一般不小于 $(d+1.2)$ mm，其中 d 为引线孔径。对高密度的数字电路，焊盘最小直径可取 $(d+1.0)$ mm。

任务 4.3　典型电子线路实操卷

试卷编号：01

职业技能鉴定电工（中级）评分表
电子装焊实操

考核项目：多谐振荡器双闪灯安装与调试　　　　　　　　　　考生签字：

考核内容及要求	评分标准	扣分	得分	备注
一、元件识别及判别：15分	测试及识别不对，每次扣1分			
二、按图焊接：20分	1.元件排列不整齐扣1分； 2.元件有虚焊、毛刺，每点扣3分			
三、焊接工艺：15分	A：15分　　B：10分　　C：5分			
四、安装与调试：15分	二只LED发光二极管轮流闪烁，一只不闪扣5分，无间隔闪烁扣5分			
五、晶体三极管的三种工作状态及多谐振荡电路工作原理阐述：35分	（1）截止状态 阐述截止状态时发射极、集电极、基极三者之间的电流关系，阐述不正确扣5分； （2）放大状态 阐述放大状态时发射极、集电极、基极三者之间的电流关系，阐述不正确扣5分； （3）饱和导通状态 阐述导通状态时发射极、集电极、基极三者之间的电流关系；阐述失去电流放大作用及饱和状态，阐述不正确扣5分； （4）多谐振荡电路工作原理阐述 C1、C2等工作点阐述，一个点阐述不正确扣5分			

表(续)

考核内容及要求	评分标准	扣分	得分	备注
六、安全文明操作	违反安全文明操作由考评员视情况扣分,所有在场的考评员签名有效(未穿绝缘鞋、工作服扣15分)			
	总分			

考评员签字:

考试时间:

试卷编号:01

职业技能鉴定电工(中级)题卷
电子装焊实操

考核项目:多谐振荡器双闪灯安装与调试
一、元件识别及判别

序号	元器件标号	元器件名称	备注
1	R_1、R_2、R_3、R_4	电阻	
2	D1、D2	发光二极管	
3	C_1、C_2	电容	
4	V1、V2	NPN 三极管	

二、按图安装、焊接并调试

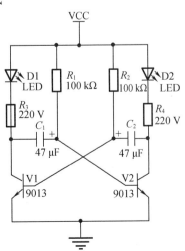

三、晶体三极管的三种工作状态阐述

1. 当加在三极管发射结的电压小于 PN 结的导通电压,基极电流为零,集电极电流和发射极电流都为零,三极管这时失去了电流放大作用,集电极和发射极之间相当于开关的断开状态,我们称三极管处于截止状态。

2. 当加在三极管发射结的电压大于 PN 结的导通电压,并处于某一恰当的值时,三极管的发射结正向偏置,集电结反向偏置,这时基极电流对集电极电流起着控制作用,使三极管具有电流放大作用,其电流放大倍数 $\beta = \Delta I_c / \Delta I_b$,这时三极管处放大状态。

3. 当加在三极管发射结的电压大于 PN 结的导通电压,并当基极电流增大到一定程度时,集电极电流不再随着基极电流的增大而增大,而是处于某一定值附近不怎么变化,这时三极管失去电流放大作用,集电极与发射极之间的电压很小,集电极和发射极之间相当于开关的导通状态。三极管的这种状态我们称之为饱和导通状态。

四、多谐振荡电路工作原理阐述

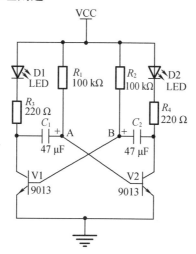

1. VCC 通电瞬间:当 VCC 接上瞬间,V1、V2 分别由 R_2、R_1 获得正向偏压,同时 C_1、C_2 亦分别经 D1、R_3,D2、R_4 充电。

2. C_1 放电,C_2 充电回路:由于 V1、V2 的特性无法百分之百相同,假设某一三极管 V1 的电流增益比另一个三极管 V2 高,则 V1 会比 V2 先进入饱和状态,而当 V1 饱和时,C_1 由 VCC、R_1、V1 CE 构成放电回路放电。在 V2 BE 极形成反向偏压,即 A 点电压为负(大概−2V 左右),促使 V2 截止 V1 导通。由于 c、e 极之间此时是通的,所以 c 极处电位接近于负极(图中是接地,就是接近于 0 V),由于电容 C_1 的耦合作用,V2 基极电压接近于负极→不会产生基极电流,即 $I_b = 0$ A→则 V1 ec 之间断开,同时 C_2 经 D2、R_4 及 V1 的 BE 极于短时间内完成充电至 VCC。

3. C_2 放电,C_1 充电回路:V1 导通、Q2 截止的情形并不是稳定的,当 C_1 放电完后,电容 C_1 由 VCC 经 R_1、V1 CE 极反向充电,当充到 0.7 V 时,即 A 点电压大概为 0.7 V,此时 V2 获得偏压而进入饱和导通状态,C_2 由 VCC 经 R_2、V2CE 极放电。同样地,造成 V1 BE 反向偏压,V1 截止,C_1 由 VCC 经 D1、R_1 及 V2 BE 极于短时间充至 VCC。同理,C_2 放完电后,电容 C_2 由 VCC 经 R_3、V2 CE 极反向充电,当充到 0.7 V 时,即 B 点电压大概为 0.7 V,V1 经 R_2 获得偏压而导通,V2 截止。

如此反复循环下去,所有两个 LED 交替闪烁。改变电阻 R_1、R_2 阻值或电容 C_1、C_2 的容量可以改变 LED 闪烁的速度。

试卷编号: 02

职业技能鉴定电工(中级)评分表
电子装焊实操

考核项目:红外二极管感应报警电路安装与调试　　　　　　　　考生签字:

考核内容及要求	评分标准	扣分	得分	备注
一、元件识别及判别:15 分	测试及识别不对,每次扣 1 分			
二、按图焊接:20 分	1. 元件排列不整齐扣 1 分; 2. 元件有虚焊、毛刺,每点扣 3 分			
三、焊接工艺:15 分	A:15 分　B:10 分　C:5 分			
四、安装与调试:15 分	手移动到红外发射管 D1 和红外接收管 D2 的上面时,蜂鸣器发声,发光二极管点亮得 10 分;当手离开红外发射管 D1 和红外接收管 D2 的上面时,蜂鸣器停止发声,发光二极管熄灭得 5 分			
五、晶体三极管的三种工作状态及多谐振荡电路工作原理阐述:35 分	(1)电路工作原理总述不正确扣 5 分;(2)红外发射电路阐述不正确扣 5 分;(3)红外接收电路阐述不正确扣 5 分;(4)比较器工作电路阐述不正确扣 20 分			
六、安全文明操作	违反安全文明操作由考评员视情况扣分,所有在场的考评员签名有效(未穿绝缘鞋、工作服扣 15 分)			
总分				

考评员签字:

考试时间:

试卷编号：02

职业技能鉴定电工(中级)题卷
电子装焊实操

考核项目：红外二极管感应报警电路安装与调试

一、元件识别及判别

序号	元器件标号	元器件名称	备注
1	R_1、R_2、R_4、R_5	电阻	
2	R_3	电位器	
3	C_1、C_2	电容	
4	D1	红外发射管	
5	D2	红外接收管	
6	D3	发光二极管	
7	V1、V2	PNP 三极管	
8	Y1	蜂鸣器	
9	IC1	通用运放	

二、按图安装、焊接并调试

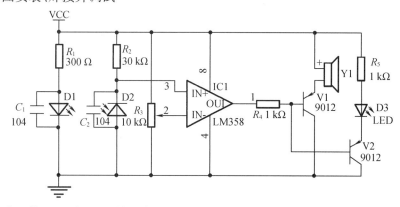

三、电路工作原理总述、红外发射电路阐述、红外接收电路阐述

1.红外感应电路的设计采用模拟电路中的电阻分压取样电路、二极管电路、三极管电路;数字电路的运算比较器等相关知识点;以红外发射管 D1、红外接收管 D2 为核心的红外感应电路,以可调电阻 R_3、通用运算放大器 LM358 为核心的取样比较电路,以三极管 9012 V1、V2、蜂鸣器 Y1、发光二极管 D3 为核心元件的声音输出、显示电路构成。

2.通上 5 V 电源,红外发射管 D1 导通,发出红外光(眼睛是看不见的),如果此时没有用手挡住光,则红外接收管 D2 没有接收到红外光,红外接收管 D2 仍然处于反向截止状态。红外接收管 D2 负极的电压仍然为高电平,并送到 LM358 的 3 脚。

3.当用手靠近红外发射管 D1 时,将红外光挡住并反射到红外接收管 D2 上,红外接收管 D2 接收到红外光,立刻导通,使得红外接收管 D2 负极的电压急速下降,该电压送到 LM358 的 3 脚上。

四、比较器工作电路阐述

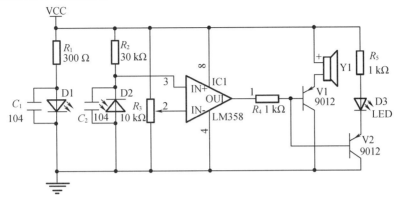

LM358 的 2 脚的电压取决于可调电阻 R_3,只要调节可调电阻 R_3 到合适的时候(用万用表测量 LM358 的 2 脚的电压大概为 2.5 V 左右),就能保证 LM358 的 3 脚的电压大于 LM358 的 2 脚的电压,根据比较器的工作原理,当 V+>V- 的时候,LM358 的 1 脚就会输出高电平,并通过限流电阻 R_4 送到 PNP 型三极管 V1、V2 的基极,致使三极管 V1、V2 截止,蜂鸣器 Y1 不发声,发光二极管 D3 熄灭。

LM358 的 3 脚电压下降到低于 2 脚的电压,根据比较器的工作原理,V+<V- 的时候,LM358 的 1 脚就会输出低电平,并通过限流电阻 R_4 送到 PNP 型三极管 V1、V2 的基极,致使三极管 V1、V2 导通蜂鸣器 Y1 发声,发光二极管 D3 点亮。

试卷编号:03

职业技能鉴定电工(中级)评分表
电子装焊实操

考核项目:模拟电子蜡烛电路安装与调试   考生签字:

考核内容及要求	评分标准	扣分	得分	备注
一、元件识别及判别:15 分	测试及识别不对,每次扣 1 分			
二、按图焊接:25 分	1. 元件排列不整齐扣 1 分; 2. 元件有虚焊、毛刺,每点扣 3 分			
三、焊接工艺:15 分	A:15 分 B:10 分 C:5 分			
四、安装与调试:25 分	(1)当用打火机烧热敏电阻 R_2 后发光二极管 D1 不发光扣 10 分; (2)当用嘴吹驻极体话筒 M1 时发光二极管 D1 不熄灭扣 10 分; (3)安装不正确扣 5 分			

表（续）

考核内容及要求	评分标准	扣分	得分	备注
五、模拟电子蜡烛工作原理阐述：20分	（1）"点燃"原理阐述不正确扣10分； （2）"熄灭"原理阐述不正确扣10分			
六、安全文明操作	违反安全文明操作由考评员视情况扣分，所有在场的考评员签名有效（未穿绝缘鞋、工作服扣15分）			
总分				

考评员签字：

考试时间：

试卷编号：03

职业技能鉴定电工（中级）题卷
电子装焊实操

考核项目：模拟电子蜡烛电路安装与调试
一、元件识别及判别

序号	元器件标号	元器件名称	备注
1	R_1、R_4、R_5、R_6、R_7、R_8、R_9	电阻	
2	R_2	热敏电阻	
3	R_3	电位器	
4	C_1、C_2、C_3、C_4	电容	
5	M1	驻极体话筒	
6	D1	发光二极管	
7	V1、V3	PNP 三极管	
8	V2、V4	NPN 三极管	
9	IC1	双 D 触发器	

二、按图安装、焊接并调试

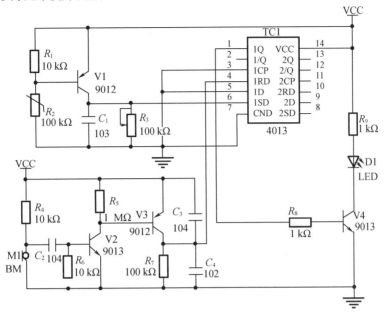

三、模拟电子蜡烛工作原理阐述

当用打火机烧热敏电阻 R_2 后(烧的时间不能太长,否则容易烧坏热敏电阻), R_2 的阻值突然变小,呈现低电阻状态,三极管 V1 导通,产生的高电平脉冲送到 4013 的 1SD 端,使 1Q 端翻转变为高电平,送到三极管 V4 的基极,也为高电平,V4 导通,发光二极管 D1 发光,这一过程相当于用火柴点亮蜡烛,此时即使打火机离开热敏电阻 R_2 后,也不会使电路状态发生改变,发光二极管 D1 维持发光。

当用嘴吹驻极体话筒 M1 时,驻极体话筒 M1 输出的音频信号经过 C_2 送到 V2 的基极,触发 V2 导通。因 R_5 的阻值比较大,故 V2 的集电极电位降得很低,PNP 型三极管 V3 的基极电位也就很低,从而 V3 导通,高电平脉冲送到触发器 1RD 端。触发器复位,1Q 端由高电平变为低电平,V4 截止,发光二极管 D1 熄灭,实现"风吹火熄"的仿真效果。

CD4013 真值表

1CP(3 脚)	1D(5 脚)	1RD(4 脚)	1SD(6 脚)	1Q(1 脚)	1/Q(2 脚)
↑	0	0	0	0	1
↑	1	0	0	1	0
↓	x	0	0	Q	Q
x	x	1	0	0	1
x	x	0	1	1	0
x	x	1	1	1	1

试卷编号：04

职业技能鉴定电工（中级）评分表
电子装焊实操

考核项目：可控硅全波整流电路   考生签字：

考核内容及要求	评分标准	扣分	得分	备注
一、元件识别及判别：20分	测试及识别不对，每次扣1分			
二、按图焊接：20分	1.元件排列不整齐扣1分； 2.元件有虚焊、毛刺，每点扣3分			
三、焊接工艺：15分	A：15分　B：10分　C：5分			
四、安装与调试：45分	1.焊接不正确扣15分； 2.负载的调节，调节灯泡亮度不正确扣15分； 3.波形测量不正确，每个波形扣5分			
五、安全文明操作	违反安全文明操作由考评员视情况扣分，所有在场的考评员签名有效（未穿绝缘鞋、工作服扣15分）			
总分				

考评员签字：

考试时间：

试卷编号：04

职业技能鉴定电工（中级）题卷
电子装焊实操

考核项目：可控硅全波整流电路
一、元件识别及判别

序号	元器件标号	元器件名称	备注
1	R_1、R_2、R_3、R_4、R_5、R_6	电阻	
2	R_P	电位器	
3	VD1～VD6	整流二极管	
4	SCR1、SCR2	可控硅	
5	VS	稳压二极管	
6	BT33	单结晶体管	

二、按图安装、焊接并调试

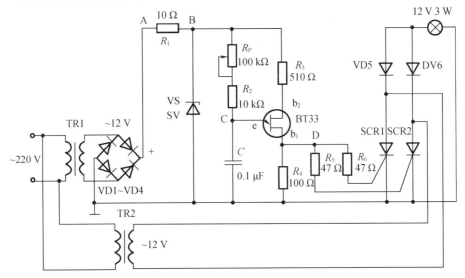

1. 负载的调节,调节灯泡亮度:如测试结果
2. 波形测量:A 端:如测试结果
          B 端:如测试结果
          C 端:如测试结果

试卷编号:05

<h1 style="text-align:center">职业技能鉴定电工(中级)评分表
电子装焊实操</h1>

考核项目:二极管整流滤波可调稳压电路   考生签字:

考核内容及要求	评分标准	扣分	得分	备注
一、元件识别及判别:20分	测试及识别不对,每次扣1分			
二、波形测量:10分	任意抽查2个,每答错1个扣5分			
三、输出电压的调节:10分	负载12 V灯泡显示亮暗得10分			
四、焊接工艺:10分	A:15分 B:10分 C:5分			
五、安装与调试:50分	1. 焊接不正确扣15分; 2. 负载的调节,调节灯泡亮度错误扣15分; 3. 波形测量每错一个扣5分			
六、安全文明操作	违反安全文明操作由考评员视情况扣分,所有在场的考评员签名有效(未穿绝缘鞋、工作服扣15分)			
总分				

考评员签字:

考试时间:

试卷编号：05

职业技能鉴定电工（中级）题卷
电子装焊实操

考核项目：二极管整流滤波可调稳压电路

一、元件识别及判别

序号	元器件标号	元器件名称	备注
1	R_1、R_2、R_3、R_4、R_5	电阻	
2	R_P	电位器	
3	VD1～VD5	整流二极管	
4	VS	稳压管二极管	
5	VT1、VT2	NPN	
6	VT3	PNP	

二、按图安装、焊接并调试

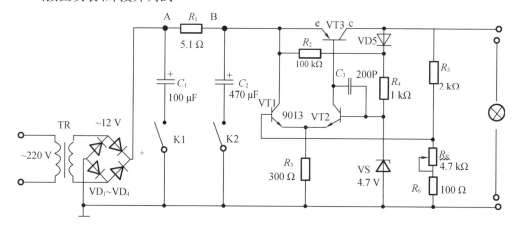

（由考评员抽查 2 个）

电路状态	U_2（3分）	U_{AO}（6分）	U_{BO}（6分）
K1、K2 全断			
K1 合 K2 断			
K1、K2 全合			

三、输出电压调节

1.负载的调节，调节灯泡亮暗：如测试结果

任务4.4　手工焊接PCB线路板基础知识

4.4.1　介绍手工焊接工具

电烙铁、焊锡丝、助焊剂、吸水海绵、吸锡器、镊子、斜口钳。平时注意爱护工具,工作结束后将工具放回原位。

1. 使用电烙铁须知

(1)烙铁种类:电烙铁是利用电流的热效应制成的一种焊接工具,分恒温烙铁和常温烙铁。烙铁头按需要可分为弯头、直头、斜面等。烙铁最佳设置温度:各面贴装组件适合的温度为325 ℃;一般直插电子料,烙铁温度一般设置为330~370 ℃,焊接大的组件脚温度不要超过380℃,但可以增大烙铁功率。

(2)烙铁的使用及保养:打开电源,几秒钟后烙铁头就达到本身温度。尽量使用烙铁头温度较高、受热面积较大的部分焊接,不用时将烙铁手柄放回到托架上。应先使用海绵将烙铁清理干净后,再开始焊接;在海绵上轻擦烙铁头,避免焊锡四溅。用细砂纸或锉刀除去烙铁头上的氧化层部分。工作结束和中午吃饭时应加焊锡保护铁头。在温度较低时镀上新焊锡,可以使焊锡膜变厚而减免氧化,有效地延长烙铁头的使用寿命。焊接时不要使用过大的力,不要把烙铁头当作改锥等工具。烙铁头中有传感器,传感器是由很细的电阻线组成的,所以不能磕碰烙铁头。换烙铁头时需要关闭电源,待烙铁头温度冷却后再更换(注:不要用手直接取,避免烫伤;也不可用金属夹取)。

(3)海绵的清洗:海绵应用清水早晚冲洗两遍,温度不要太高,不要用肥皂及各种洗涤剂搓洗。不要使用干燥或过湿的海绵(用手挤压海绵无水分流出为最佳状态)。

(4)助焊剂,锡丝:助焊剂的种类包括树脂系助焊剂(以松香为主),水溶系助焊剂(包括含酸性的焊膏;松香;松香酒精溶注液,氯化锌水溶液)。助焊剂的作用是润滑焊点,清洁焊点,除去焊点中多余的杂质。焊锡丝(线)是一种铅锡合金,俗称焊锡(目前公司所用的都为无铅锡丝(线))。

2. PCB简介

(1)拿PCB的方法以及正反面的识别

裸手拿PCB时,应拿PCB的四角或边缘,避免裸手接触到焊点、组件和连接器。手上的油渍和污迹会妨碍焊接,焊点的周围将被氧化,最外层将被损害,手指印对组件、焊点有腐蚀的危险,对静电敏感的PCB组件等要戴静电环,并保证静电环的有效性。

(2)焊接方法

①测试腕环,焊接前把腕环带好,并保证静电环的有效性。

②座椅调节至适合自己的高度,坐在座椅上姿势端正,两腿正放在桌面下,身体不要靠在座椅上。

③焊接前或焊接过程中都要随时清洁烙铁头的焊锡残渣。

④焊接时,不能用力按压烙铁,否则,焊盘和烙铁头会受到损坏。

⑤电容、电阻的点焊方法:预加锡,在焊盘一边加少量焊锡。定位,用镊子将组件放在正确位置。检查:确定组件放正并紧贴PCB板(组件要对称放在两个焊盘间)。预热:预

热时不要使焊锡接触到烙铁头。冷却：在焊接冷却阶段不要移动组件。

注意：工作中应及时注意自我保护，不要穿短裙、短裤，并戴手套以免烫伤。

⑥完美焊点标准：表面光滑亮洁，焊锡充满整个焊盘，焊点高度为元件高度的一半，并形成一个内凹的弧度。

3. 不良焊点的种类

焊桥/虚焊；焊盘掉/歪；毛刺/洞焊（锡毛刺产生的原因是焊锡加热时间过长，烙铁头移动的方向不对）；焊锡多/少；焊锡球/残留；干/冷焊点；组件倾斜/破损；管腿歪/翘起；焊锡不浸润；组件丢失。

4. 用于分辨组件类别的大写字母

R——电阻　C——电容　D——二极管　U——集成电路　RZ/L——电感　Q——三极管　J——接插件

5. 手工焊锡技术要点

作为一种操作技术，手工锡焊主要通过实际训练才能掌握，但是遵循基本的原则，学习前人积累的经验，运用正确的方法，可以事半功倍地掌握操作技术，以下各点对学习焊接技术是必不可少的。

（1）锡焊基本条件

①焊件可焊性：不是所有的材料都可以用锡焊实现连接，只有一部分金属有较好的可焊性（严格地说应该是可以锡焊的性质），才能用锡焊连接，一般，铜及其合金、金、银、锌、镍等具有较好的可焊性，而铝、不锈钢、铸铁等可焊性很差，一般需采用特殊焊剂及方法才能锡焊。

②焊料合格：铅锡焊料成分不合规格或杂质超标都会影响锡焊质量，特别是某些杂质含量，例如锌、铝、镉等，即使是 0.001% 的含量也会明显影响焊料润湿性和流动性，降低焊接质量。再高明的厨师也无法用劣质的原料加工出美味佳肴，这个道理是显而易见的。

③焊点设计合理：合理的焊点几何形状，对保证锡焊的质量至关重要，接点由于铅锡料强度有限，很难保证焊点足够的强度。

（2）锡焊要点

①掌握好加热时间：锡焊时可以采用不同的加热速度，例如烙铁头形状不良，用小烙铁焊大焊件时我们不得不延长时间以满足锡料温度的要求。在大多数情况下延长加热时间对电子产品装配都是有害的，这是因为焊点的结合层由于长时间加热而超过合适的厚度引起焊点性能劣化。印制板、塑料等材料受热过多会变形变质。元器件受热后性能变化甚至失效。结论：加热时间越短越好。

②保持合适的温度：如果为了缩短加热时间而采用高温烙铁焊校焊点，则会带来另一方面的问题。焊锡丝中的焊剂没有足够的时间在被焊面上漫流而过早挥发失效，焊料熔化速度过快影响焊剂作用的发挥。由于温度过高，虽加热时间短但也造成过热现象。结论：保持烙铁头在合理的温度范围，一般经验是烙铁头温度比焊料熔化温度高 50 ℃ 较为适宜。理想的状态是较低的温度下缩短加热时间，尽管这是矛盾的，但在实际操作中我们可以通过操作手法获得令人满意的解决方法。

③锡焊操作要领：首先焊件表面处理，手工烙铁焊接中遇到的焊件是各种各样的电子零件和导线，除非在规模生产条件下使用"保险期"内的电子组件，一般情况下遇到的焊件

往往都需要进行表面清理工作,去除焊接面上的锈迹、油污、灰尘等影响焊接质量的杂质。手工操作中常用机械刮磨和酒精、丙酮擦洗等简单易行的方法。其次进行预焊,预焊就是将要锡焊的元器件引线或导电的焊接部位预先用焊锡润湿,一般也称为镀锡、上锡、搪锡等,因为其过程和机理都是锡焊的全过程。焊料润湿焊件表面,靠金属的扩散形成结合层后而使焊件表面"镀"上一层焊锡。预焊并非锡焊不可缺少的操作,但对手工烙铁焊接特别是维修、调试、研制工作几乎可以说是必不可少的。再则,要保持烙铁头的清洁,因为焊接时烙铁头长期处于高温状态,又接触焊剂等受热分解的物质,其表面很容易氧化而形成一层黑色杂质,这些杂质形成隔热层,使烙铁头失去加热作用。因此要随时在烙铁架上蹭去杂质,用一块湿布或湿海绵随时擦烙铁头是常用的方法。最后,焊锡量要合适,过量的焊锡不但毫无必要地消耗了较贵的锡,而且增加了焊接时间,相应降低了工作速度。更为严重的是在高密度的电路中,过量的锡很容易造成不易察觉的短路。但是焊锡过少不能牢固结合,降低焊点强度,特别是在板上焊导线时,焊锡不足往往造成导线脱落。

（3）注意事项

①焊件要牢固:在焊锡凝固之前不要使焊件移动或振动,特别使用镊子夹住焊件时一定要等焊锡凝固再移去镊子。这是因为焊锡凝固过程是结晶过程,根据结晶理论,在结晶期间受到外力（焊件移动）会改变结晶条件,导致晶体粗大,造成所谓"冷焊"。外观现象是表面无光泽,呈豆渣状;焊点内部结构疏松,容易有气隙和裂隙,造成焊点强度降低,导电性能差。因此,在焊锡凝固前一定要保持焊件静止,实际操作时可以用各种适宜的方法将焊件固定,或使用可靠的夹持措施。

②烙铁撤离有讲究,烙铁处理要及时,而且撤离时的角度和方向对焊点形成有一定关系。不同撤离方向对焊料的影响:撤烙铁时轻轻旋转一下,可保持焊点适当的焊料,这需要在实际操作中体会。

6. 焊接原理及焊接工具,焊锡与焊剂

（1）焊接原理

目前电子元器件的焊接主要采用锡焊技术,锡焊技术采用以锡为主的锡合金材料作为焊料,在一定温度下焊锡熔化,金属焊件与锡原子之间相互吸引、扩散、结合,形成浸润的结合层。外表看来印刷板铜铂及元器件引线都是很光滑的,实际上它们的表面都有很多微小的凹凸间隙,熔流态的锡焊料借助于毛细管吸力沿焊件表面扩散,形成焊料与焊件的浸润,把元器件与印刷板牢固地黏合在一起,而且具有良好的导电性能。

（2）锡焊接的条件

焊件表面应是清洁的,油垢、锈斑都会影响焊接;能被锡焊料润湿的金属才具有可焊性,对黄铜等表面易于生成氧化膜的材料,可以借助于助焊剂,先对焊件表面进行镀锡浸润后再行焊接;要有适当的加热温度,使焊锡料具有一定的流动性,才可以达到焊牢的目的,但温度也不可过高,过高时容易形成氧化膜而影响焊接质量。

（3）电烙铁

手工焊接的主要工具是电烙铁。电烙铁的种类很多,有直热式、感应式、储能式及调温式多种,电功率有 15 W、20 W、35 W……300 W 多种,主要根据焊件大小来决定。一般元器件的焊接以 20 W 内热式电烙铁为宜;焊接集成电路及易损元器件时可以采用储能式电烙铁;焊接大焊件时可用 150～300 W 大功率外热式电烙铁。小功率电烙铁的烙铁头温度一般为 300~400 ℃。

烙铁头一般采用紫铜材料制造。保护在焊接的高温条件下不被氧化生锈，常将烙铁头经电镀处理，有的烙铁头还采用不易氧化的合金材料制成。新的烙铁头在正式焊接前应先进行镀锡处理。方法是将烙铁头用细纱纸打磨干净，然后浸入松香水，沾上焊锡在硬物（例如木板）上反复研磨，使烙铁头各个面全部镀锡。若使用时间很长，烙铁头已经发生氧化时，要用小锉刀轻锉去表面氧化层，在露出紫铜的光亮后用同新烙铁头镀锡的方法一样进行处理。当仅使用一把电烙铁时，可以利用烙铁头插入烙铁芯深浅不同的方法调节烙铁头的温度。烙铁头从烙铁芯拉出得越长，烙铁头的温度相对越低，反之温度就越高。也可以利用更换烙铁头的大小及形状来达到调节烙铁头温度的目的。烙铁头越细，温度越高；烙铁头越粗，相对温度越低。根据所焊组件种类可以选择适当形状的烙铁头。烙铁头的顶端形状有圆锥形、斜面椭圆形及凿形等多种。焊小焊点可以采用圆锥形的，焊较大焊点可以采用凿形或圆柱形的。还有一种吸锡电烙铁，是在直热式电烙铁上增加了吸锡机构构成的，在电路中对元器件拆焊时要用到这种电烙铁。

（4）焊锡与焊剂

焊锡是焊接的主要用料。焊接电子元器件的焊锡实际上是一种锡铅合金，不同的锡铅比例，焊锡的熔点温度不同，一般为 180~230 ℃。手工焊接中最适合使用的是管状焊锡丝，焊锡丝中间夹有优质松香与活化剂，使用起来异常方便。管状焊锡丝有 0.5 mm、0.8 mm、1.0 mm、1.5 mm 等多种规格，可以方便地选用。

焊剂又称助焊剂，是一种在受热后能对施焊金属表面起清洁及保护作用的材料。空气中的金属表面很容易生成氧化膜，这种氧化膜能阻止焊锡对焊接金属的浸润作用。适当地使用助焊剂可以去除氧化膜，使焊接质量更可靠，焊点表面更光滑、圆润。

焊剂有无机系列、有机系列和松香系列三种，其中无机焊剂活性最强，但对金属有强腐蚀作用，电子元器件的焊接中不允许使用。有机焊剂（例如盐酸二乙胺）活性次之，也有轻度腐蚀性。应用最广泛的是松香焊剂。将松香熔于酒精（1:3）形成"松香水"，焊接时在焊点处蘸以少量松香水，就可以达到良好的助焊效果。用量过多或多次焊接，形成黑膜时，松香已失去助焊作用，需清理干净后再行焊接。对于用松香焊剂难于焊接的金属元器件，可以添加 4% 左右的盐酸二乙胺或三乙醇胺（6%）。至于市场上销售的各种焊剂，一定要了解其成分和对元器件的腐蚀作用后，再行使用，切勿盲目使用，以致日后造成对元器件的腐蚀，后患无穷。

项目5 用电安全与保护

【学习任务概况】

知识目标:熟悉安全用电认知、人身触电的危害、常见的触电形式。

能力目标:掌握安全措施与接地保护;初步具有安全用电及触电紧急处理的能力。

思政目标:在电气工作中学会细心、耐心的工作心态,提高勤学苦练、吃苦耐劳的工匠精神,具有安全意识和保护意识。

任务 5.1 安全用电认知

电气危害有两个方面:一方面是对系统自身的危害,如短路、过电压、绝缘老化等;另一方面是对用电设备、环境和人员的危害,如触电、电气火灾、电压异常升高造成用电设备损坏等,其中尤以触电和电气火灾危害最为严重。触电可直接导致人员伤残、死亡。另外,静电产生的危害也不能忽视,它是电气火灾的原因之一,对电子设备的危害也很大。

5.1.1 人身触电的危害

触电是指人体触及带电体后,电流对人体造成的伤害。它有两种类型,即电击和电伤。

(1)电伤(非致命的)

电伤是指电流的热效应、化学效应、机械效应及电流本身作用造成的人体伤害。电伤会在人体皮肤表面留下明显的伤痕,常见的有灼伤、电烙伤和皮肤金属化等现象。

(2)电击

电击是指电流通过人体内部,破坏人体内部组织,影响呼吸系统、心脏及神经系统的正常功能,甚至危及生命。在触电事故中,电击和电伤常会同时发生。

5.1.2 常见的触电形式

人体触电主要原因有:直接或间接接触带电体以及跨步电压等。直接接触又可分为单极接触和双极接触。

1. 单极触电

当人站在地面上或其他接地体上,人体的某一部位触及一相带电体时,电流通过人体流入大地(或中性线),称为单极触电,如图 5-1 所示。图 5-1(a)为电源中性点接地运行方式时,单相的触电电流途径。图 5-1(b)为中性点不接地的单相触电情况。一般情况下,接地电网里的单相触电比不接地电网里的危险性大。

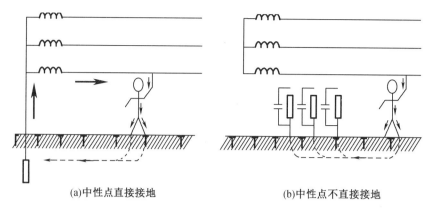

(a)中性点直接接地   (b)中性点不直接接地

图 5-1 单相触电

2. 双极触电

双极触电是指人体两处同时触及同一电源的两相带电体，以及在高压系统中，人体距离高压带电体小于规定的安全距离，造成电弧放电时，电流从一相导体流入另一相导体的触电方式，如图 5-2 所示。两相触电加在人体上的电压为线电压，因此不论电网的中性点接地与否，其触电的危险性都最大。

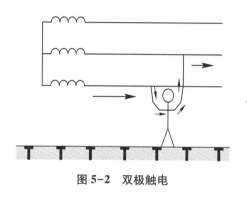

图 5-2 双极触电

3. 跨步电压触电

所谓跨步电压，就是指电气设备发生接地故障时，在接地电流流入地点周围电位分布区行走的人，其两脚之间的电压如图 5-3 所示。电气设备碰壳或电力系统一相接地短路时，电流从接地极四散流出，在地面上形成不同的电位分布，人在走近短路地点时，两脚之间的电位差叫跨步电压。

当架空线路的一根带电导线断落在地上时，落地点与带电导线的电势相同，电流就会从导线的落地点向大地流散，于是地面上以导线落地点为中心，形成了一个电势分布区域，离落地点越远，电流越分散，地面电势也越低。如果人或牲畜站在距离电线落地点 8~10 m 时就可能发生触电事故，这种触电叫作跨步电压触电。人受到跨步电压作用时，电流虽然是沿着人的下身，从脚经腿、胯部又到脚与大地形成通路，没有经过人体的重要器官，好像比较安全。但是实际并非如此！因为人受到较高的跨步电压作用时，双脚会抽筋，使身体倒在地上。这不仅使作用于身体上的电流增加，而且使电流经过人体的路径改变，完全可能流经人体重要器官，如从头到手或脚。经验证明，人倒地后电流在体内持续作用 2 s，这种触电就会致命。

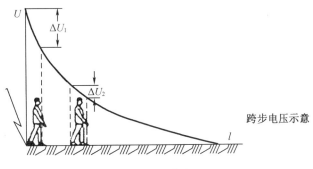

跨步电压示意

图5-3　跨步电压

4. 剩余电荷触电

剩余电荷触电是指当人触及带有剩余电荷的设备时，带有剩余电荷的设备对人体放电造成的触电事故。设备带有剩余电荷，通常是由检修人员在检修中摇表测量停电后的并联电容器、电力电缆、电力变压器及大容量电动机等设备时，检修前、后没有对其充分放电所造成的。

5.1.3　影响触电危险程度的因素

1. 电流大小对人体的影响

通过人体的电流越大，人体的生理反应就越明显，感应就越强烈，引起心室颤动所需的时间就越短，致命的危害就越大。按照通过人体电流的大小和人体所呈现的不同状态，工频交流电大致分为下列三种：

（1）感觉电流：指引起人的感觉的最小电流（1~3 mA）。

（2）摆脱电流：指人体触电后能自主摆脱电源的最大电流（10 mA）。

（3）致命电流：指在较短的时间内危及生命的最小电流（30 mA）。

2. 电流类型的影响

工频交流电的危害性大于直流电，因为交流电主要是麻痹破坏神经系统，往往难以自主摆脱。一般认为40~60 Hz的交流电对人最危险。随着频率的增加，危险性将降低。当电源频率大于2 000 Hz时，所产生的损害明显减小，但高压高频电流对人体仍然是十分危险的。

3. 电流作用时间的影响

人体触电，当通过电流的时间越长，愈易造成心室颤动，生命危险性就愈大。据统计，触电1~5 min急救，90%有良好的效果，10 min内有60%救生率，超过15 min希望甚微。

漏电保护器的一个主要指标就是额定断开时间与电流乘积小于30 mA·s。实际产品一般额定动作电流30 mA，动作时间0.1 s，故小于30 mA·s可有效防止触电事故。

4. 电流经过人体路径的影响

电流通过头部可使人昏迷；通过脊髓可能导致瘫痪；通过心脏会造成心跳停止，血液循环中断；通过呼吸系统会造成窒息。因此，从左手到胸部是最危险的电流路径；从手到手、从手到脚也是很危险的电流路径；从脚到脚是危险性较小的电流路径。

5.人体电阻的影响

人体电阻是不确定的电阻,皮肤干燥时一般为 100 kΩ 左右,而一旦潮湿可降到 1 kΩ。人体不同,对电流的敏感程度也不一样,一般地说,儿童较成年人敏感,女性较男性敏感。患有心脏病者,触电后的死亡可能性更大。

5.1.4　造成触电事故的原因

（1）缺乏用电常识,触及带电的导线。

（2）违反操作规程,人体直接与带电体部分接触。

（3）由于用电设备管理不当,使绝缘损坏,发生漏电,人体碰触漏电设备外壳。

（4）高压线路落地,造成跨步电压引起对人体的伤害。

（5）检修中,安全组织措施和安全技术措施不完善,接线错误,造成触电事故。

（6）其他偶然因素,如人体受雷击等。

任务 5.2　安全措施与保护

5.2.1　预防触电事故的安全措施

（1）在电气设备的设计、制造、安装、运行、使用和维护以及专用保护装置的配置等环节中,要严格遵守国家规定的标准和法规。

（2）加强安全技术教育培训,普及安全用电知识。特殊工作岗位操作人员,必须进行专业技术知识培训,并考试合格,取得上岗资格证后,持证上岗。

（3）建立健全安全规章制度。如安全操作规程、电气安装规程、运行管理规程、维护检修制度等,并在实际工作中严格执行。

（4）在供电线路上作业或检修设备时,编制相应的安全技术措施(包括检修项目、检修时间、项目负责人、技术负责人、安全负责人、参与检修人员,检修的主要内容,检修所用的零配件、工具,检修标准及安全注意事项等),并严格执行下列安全规定：

①严格执行"停电工作票制度""一人操作,一人监护制度""谁停电,谁送电制度",杜绝随意停送电和约时停送电现象。

②切断电源,悬挂"有人工作,禁止送电"的警示牌。

③验电、放电。

④装设临时接地线。

⑤严禁带电检修和搬迁电气设备。

（5）专职人员或非值班电气人员不得擅自操作电气设备。

（6）此外,对电气设备还应采取下列一些安全措施：

①电气设备的金属外壳要采取保护接地。

②安装自动断电装置。

③尽可能采用安全电压。

④保证电气设备具有良好的绝缘性能。

⑤采用电气安全用具。

⑥容易碰到的、裸露的带电体,必须加装护罩或遮拦等防护装置。保证人或物与带电体的安全距离。

⑦定期检查用电设备,消除事故隐患。

5.2.2　接地保护

为降低因绝缘破坏而遭到电击的危险,电气设备常采用保护接地、保护接零、重复接地等不同的安全措施。

(1)按功能分,接地可分为工作接地和保护接地。工作接地是指电气设备为保证其正常工作而进行的接地(如变压器中性点);保护接地是指为保证人身安全,防止人体接触设备外露部分而触电的一种接地形式。在中性点不接地系统中,设备外露部分(金属外壳或金属构架)必须与大地进行可靠电气连接,即保护接地。

(2)接地装置由接地体和接地线组成,埋入地下直接与大地接触的金属导体,称为接地体,连接接地体和电气设备接地螺栓的金属导体称为接地线。接地体的对地电阻和接地线电阻的总和,称为接地装置的接地电阻。

(3)电气设备的接地范围

根据安全规程规定,下列电气设备的金属外壳应该接地或接零。

①电机、变压器、电器、照明器具、携带式及移动式用电器具等的底座和外壳,如手电钻、电冰箱、电风扇、洗衣机等。

②交流、直流电力电缆的接线盒,终端头的金属外壳,电线、电缆的金属外皮,控制电缆的金属外皮,穿线的钢管;电力设备的传动装置,互感器二次绕组的一个端子及铁芯。

③配电屏与控制屏的框架,室内外配电装置的金属构架和钢筋混凝土构架,安装在配电线路杆上的开关设备、电容器等电力设备的金属外壳。

④高压架空线路的金属杆塔、钢筋混凝土杆,中性点非直接接地的低压电网中的铁杆、钢筋混凝土杆,装有避雷线的电力线路杆塔。

⑤避雷针、避雷器、避雷线等。

5.2.3　人身触电的急救

1.脱离电源

人在触电后可能由于失去知觉或超过人的摆脱电流而不能自己脱离电源,此时抢救人员不要惊慌,要在保护自己不被触电的情况下使触电者脱离电源。脱离电源的方法:

①如果接触电器触电,应立即断开近处的电源,可就近拔掉插头,断开开关或打开保险盒。

②如果碰到破损的电线而触电,附近又找不到开关,可用干燥的木棒、竹竿等绝缘工具把电线挑开,挑开的电线要放置好,不要使人再触到。

③如一时不能实行上述方法,触电者又趴在电器上,可隔着干燥的衣物将触电者拉开。

④在脱离电源过程中,如触电者在高处,要防止脱离电源后跌伤而造成二次受伤。

⑤在使触电者脱离电源的过程中,抢救者要防止自身触电。

2.实施医疗救护

采取各种有效方式,在最短的时间内,实施医疗救护。如:就地实施人工呼吸,拨打120

救护电话等。

3. 人工急救方法

（1）口对口人工呼吸法(图 5-4)

①使触电者仰卧,松开其衣领、裤带,清理口腔内异物,使头部后仰。

②救护者一手捏紧触电者鼻孔,另一只手掰开触电者口腔。

③救护者做深吸气后,紧贴触电者往嘴里吹气。

④松开触电者鼻、嘴,让其自行呼气约 3 s。

⑤此过程做到至触电者能自主呼吸为止。

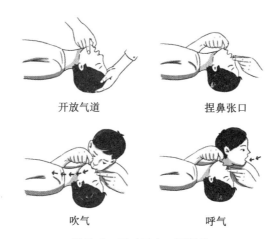

开放气道　　　　　捏鼻张口

吹气　　　　　呼气

图 5-4　口对口人工呼吸法

（2）胸外心脏挤压法(图 5-5)

①同人工呼吸。

②两手相叠,手掌根部置触电者胸骨的下 1/3 部位。

③靠体重下压,使其下 3 cm 左右。

④迅速放开,让其胸廓自行弹起。

⑤重复进行,直至触电者的心跳、呼吸恢复。

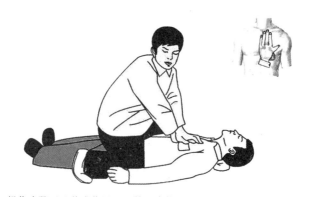

操作步骤:(1)找准位置;(2)挤压姿势;(3)向下挤压;(4)迅速放松。

图 5-5　胸外心脏挤压法

5.2.4 电气火灾的扑救常识

1. 电气火灾原因

(1)过载:由于长时间过载,使电气设备过热,以至产生火灾。

(2)安装不合理,维护不及时,使用不当等造成设备短路或导线断裂,产生电弧而引起火灾。

(3)不按电气操作规程进行操作,在电压线附近或易爆物品附近从事带电弧火花的操作等。

2. 扑救方法

(1)当电气设备发生火灾时,首先要切断电源。只有确实无法断开电源时,才允许带电灭火。在带电灭火时,可用以下一些特殊的办法:

①用干燥的黄沙灭火,用于带油的电气火灾。

②用不导电的灭火剂灭火,如二氧化碳灭火剂、四氯化碳灭火剂、1211灭火剂和干粉灭火剂等。

③注意灭火机的机体、喷嘴及人体都要与带电体保持一定距离,灭火人员应穿绝缘靴,戴绝缘手套,有条件的还要穿绝缘服等。

④用喷雾水枪灭火,因喷雾水枪喷出的是不导电的雾状水流,但不能用泡沫灭火剂或直流水枪灭火。

(2)当电源切断以后,电气火灾的扑救方法与一般的火灾扑救方法相同。

项目6　电工理论测试知识

任务6.1　理论复习题库

一、选择题

1. 当发现有人触电而不能自行摆脱时,不可采用的急救措施是　　　　　　　　（　　）
A. 就近拉断触电的电源开关
B. 用手或身体其他部位直接救助触电者
C. 用绝缘的物品与接触者隔离进行救助
D. 拿掉熔断器切断触电电源

2. 关于多个电阻的并联,下列说法正确的是　　　　　　　　　　　　　　　　（　　）
A. 总的等效电阻值一定比并联电阻中阻值最小的电阻值稍大一点
B. 总的等效电阻值一定比并联电阻中阻值最小的电阻还要小
C. 总的等效电阻值会比并联电阻中最大的电阻值稍大一点
D. 总的等效电阻值一定介于并联电阻中最大阻值与最小的电阻值之间

3. 影响模拟放大静态工作点稳定的主要因素是　　　　　　　　　　　　　　（　　）
A. 三极管的放大倍数
B. 三极管的穿透电流
C. 放大信号的频率
D. 工作环境的温度

4. 在模拟放大电路中,集电极负载电阻 RC 的作用是　　　　　　　　　　　　（　　）
A. 限流
B. 减少放大电路的失真
C. 把三极管的电流放大作用转变为电压放大作用
D. 把三极管的电压放大作用转变为电流放大作用

5. 正弦波振荡器的振荡频率 f 取决于　　　　　　　　　　　　　　　　　　（　　）
A. 反馈强度
B. 反馈元件的参数
C. 放大器的放大倍数
D. 选频网络的参数

6. 低频信号发生器的振荡电路一般采用的是_____振荡电路。　　　　　　（　　）
A. 电感三点式　　　　　B. 电容三点式　　　　　C. 石英晶体　　　　　D. RC

7. 在多级直流放大器中,对零点飘移影响最大的是　　　　　　　　　　　　　（　　）
A. 前级　　　　　　　　B. 后级　　　　　　　　C. 中间级　　　　　　D. 前后级一样

8. 直流差动放大电路可以 （ ）

A. 放大共模信号,抑制差模信号　　　B. 放大差模信号,抑制共模信号

C. 放大差模和共模信号　　　　　　　D. 抑制差模和共模信号

9. 集成运算放大器的开环差模电压放大倍数高,说明 （ ）

A. 电压放大能力强　　　　　　　　　B. 电流放大能力强

C. 共模抑制能力强　　　　　　　　　D. 运算精度高

10. 在硅稳压管稳压电路中,限流电阻 R 的作用是 （ ）

A. 既限流又降压　　　　　　　　　　B. 既限流又调压

C. 既降压又调压　　　　　　　　　　D. 既调压又调流

11. 串联型稳压电路中的调整管工作在_____状态。 （ ）

A. 放大　　　　　B. 截止　　　　　C. 饱和　　　　　D. 任意

12. 或非门的逻辑功能为 （ ）

A. 入 1 出 0,全 0 出 1　　　　　　　B. 入 1 出 1,全 0 出 0

C. 入 0 出 0,全 1 出 1　　　　　　　D. 入 0 出 1,全 1 出 0

13. 硬磁材料在反复磁化过程中 （ ）

A. 容易饱和　　　B. 容易去磁　　　C. 难以去磁　　　D. 无法磁化

14. 运动导体在切割磁力线而产生最大感应电动势时,导体运动方向与磁感应线的夹

角 α 为 （ ）

A. 0°　　　　　　B. 45°　　　　　　C. 90°　　　　　D. 180°

15. 金属导体的电阻与_____无关。 （ ）

A. 导线的长度　　　　　　　　　　　B. 导线的横截面积

C. 导体材料的电阻率　　　　　　　　D. 外加电压

16. 配制电解液时,用浓硫酸加入_____进行稀释。 （ ）

A. 蒸馏水　　　　B. 自来水　　　　C. 任何水　　　　D. 雨水

17. 容量为 182 Ah 的蓄电池,以 18 A 放电率放电,能维持_____h。 （ ）

A. 5　　　　　　　B. 8　　　　　　　C. 10　　　　　　D. 15

18. 直流启动电动机是 （ ）

A. 直流电动机　　B. 串激式　　　　C. 并激式　　　　D. 复激式

19. 半导体的导电方式的最大特点是 （ ）

A. 自由电子导电　B. 离子导电　　　C. 孔穴导电　　　D. A 和 C

20. 二极管的反向电流随温度的_____而_____ （ ）

A. 升高/减少　　B. 减低/减少　　　C. 升高/不变　　　D. 升高/基本不变

21. 电路的作用是实现能量的_____和转换、信号的传递和处理。 （ ）

A. 连接　　　　　B. 传输　　　　　C. 控制　　　　　D. 传送

22. 电压的方向规定是 （ ）

A. 低电位点指向高电位点　　　　　　B. 高电位点指向低电位点

C. 低电位指向高电位　　　　　　　　D. 高电位指向低电位

23. 常用的室内照明电压 220 V 是指交流电的 （ ）

A. 瞬时值　　　　B. 最大值　　　　C. 平均值　　　　D. 有效值

24. 判断线圈中感应电动势的方向,应该用 （　　）

 A. 左手定则   B. 右手定则   C. 安培定则   D. 楞次定律

25. _____反映了在不含电源的一段电路中,电流与这段电路两端的电压及电阻的关系。 （　　）

 A. 欧姆定律   B. 楞次定律

 C. 部分电路欧姆定律   D. 全欧姆定律

26. _____的一端连在电路中的一点,另一端也同时连在另一点,使每个电阻两端都承受相同的电压,这种连接方式叫电阻的并联。 （　　）

 A. 两个相同电阻   B. 一大一小两个电阻

 C. 几个相同大小的电阻   D. 几个电阻

27. 三相电动势达到最大的顺序是不同的,这种达到最大值的先后次序称三相电源的相序。若最大值出现的顺序为 $V-U-W-V$,称为 （　　）

 A. 正序   B. 负序   C. 顺序   D. 相序

28. 当电源容量一定时,功率因数越大,说明电路中用电设备的 （　　）

 A. 无功功率大 B. 有功功率大 C. 有功功率小 D. 视在功率大

29. 提高功率因数的意义在于提高输电效率和 （　　）

 A. 防止设备损坏   B. 减小容性电流

 C. 提高供电设备利用率   D. 提高电源电压

30. 用戴维南定理分析电路"入端电阻"时,应将内部的电动势_____处理。 （　　）

 A. 做开路   B. 做短路   C. 不进行   D. 可做任意

31. 计算纯电感电路的无功功率可用的公式为 （　　）

 A. $QL=UL/\omega L$ B. $QL=UL_2XL$ C. $QL=UL_2/XL$ D. $QL=\omega LUL$

32. 纯电感电路中,无功功率用来反映电路中 （　　）

 A. 纯电感不消耗电能的情况 B. 消耗功率的多少

 C. 无功能量交换的规模   D. 无用功的多少

33. 光电开关可以_____、无损伤地迅速检测和控制各种固体、液体、透明体、黑体、柔软体、烟雾等物质的状态。 （　　）

 A. 高亮度   B. 小电流   C. 非接触   D. 电磁感应

34. 判断线圈中感应电动势的方向,应该用 （　　）

 A. 左手定则   B. 右手定则   C. 安培定则   D. 楞次定律

35. 三相对称负载做 Y 连接时,线电流是相电流的 （　　）

 A. 1 倍   B. $\sqrt{2}$倍   C. $\sqrt{3}$倍   D. 3 倍

36. 三相对称负载做△连接时,线电压与相电压相等,线电流是相电流的 （　　）

 A. 1 倍   B. $\sqrt{2}$倍   C. $\sqrt{3}$倍   D. 3 倍

37. 三相对称负载做 Y 连接时,线电压是相电压的 （　　）

 A. 1 倍   B. $\sqrt{2}$倍   C. $\sqrt{3}$倍   D. 3 倍

38. 同一电源中,三相对称负载做△连接时,消耗的功率是它做 Y 连接时的 （　　）

 A. 1 倍   B. $\sqrt{2}$倍   C. $\sqrt{3}$倍   D. 3 倍

39. 高频淬火是根据_____进行的。 （　　）

A. 涡流原理　　　　B. 电磁感应原理　　　　C. 趋肤效应　　　　D. 电流的热效应

40. 金属磁性材料是由_____及其合金组成的。 （　　）

A. 铝和锡　　　　B. 铜和银　　　　C. 铜铁合金　　　　D. 铁镍钴

41. 制造扬声器磁钢的材料应选 （　　）

A. 软磁材料　　　　B. 硬磁材料　　　　C. 矩磁材料　　　　D. 顺磁材料

42. 下列圆裸线中硬铝线是 （　　）

A. TY　　　　B. TR　　　　C. LY　　　　D. LR

43. 变化的磁场能够在导体中产生感应电动势,这种现象叫 （　　）

A. 电磁感应　　　　B. 电磁感应强度　　　　C. 磁导率　　　　D. 磁场强度

44. 保护接地的主要作用是降低接地电压和 （　　）

A. 减少流经人身的电流　　　　　　B. 防止人身触电

C. 减少接地电流　　　　　　　　　D. 短路保护

45. 下列不属于人为电磁污染形式的是 （　　）

A. 脉冲放电　　　　B. 电磁场　　　　C. 射频电磁污染　　　　D. 磁暴

46. 下列控制声音传播的措施中,_____不属于消声措施。 （　　）

A. 使用吸声材料　　　　　　　　　B. 采用声波反射措施

C. 电气设备安装消声器　　　　　　D. 使用个人防护用品

47. 劳动者的基本义务包括_____等。 （　　）

A. 完成劳动任务　　　　B. 获得劳动报酬　　　　C. 休息　　　　D. 休假

48. 万用表欧姆挡的红表笔与_____相连。 （　　）

A. 内部电池的负极　　　　　　　　B. 内部电池的正极

C. 表头的正极　　　　　　　　　　D. 表头的负极

49. 三相异步电机最常见的改变转速的方法是 （　　）

A. 由 Y 改接成 △　　　　B. 改变电压　　　　C. 改变极数

50. 把 $L = 10$ mH 的纯电感线圈接到 $u = 141\sin(100t - 60°)$ V 的电源上,线圈中通过的电流表达式为 （　　）

A. $i = 100\sin(100t - 150°)$ V　　　　B. $i = 141\sin(100t - 150°)$ V

C. $i = 141\sin(100t - 30°)$ V　　　　D. $i = 141\sin(100t - 100°)$ V

51. 在纯电感电路中,下列说法正确的是 （　　）

A. $i = u/X_L$　　　　B. $I = U/L$　　　　C. $I = U/\omega L$　　　　D. $I = U\omega L$

52. 在纯电容电路中,下列说法正确的是 （　　）

A. $i = u/X_C$　　　　B. $I = U/C$　　　　C. $I = U/\omega C$　　　　D. $I = U\omega C$

53. 将一根均匀的电阻丝接在电源上,通过的电流为1A,再将这根电阻丝对折后,仍接在该电源上,这时通过的电流是 （　　）

A. 4 A　　　　B. 2 A　　　　C. 0.5 A　　　　D. 0.25 A

54. 导体的电阻 R 与导体的长度 L 和横截面积 S 的关系是 （　　）

A. 与 L 成正比与 S 成反比　　　　　　B. 与 L 成反比与 S 成正比

C. 与 L、S 均成正比　　　　　　　　D. 与 L、S 均成反比

55. 磁极对数越多,电动机转速 （　　）

A. 越快　　　　　　B. 越慢　　　　　　C. 不一定　　　　　　D. 一样

56. 变压器具有_____功能。 （　　）

A. 变换电压　　　　B. 变换电流　　　　C. 变换阻抗　　　　D. A 和 B 和 C

57. 电流表需扩大量程时,其分流器与电流表 （　　）

A. 并联　　　　　　B. 串联　　　　　　C. A 与 B 均可

58. 直流电机铭牌上标的额定容量是指在额定状态下的 （　　）

A. 输入功率　　　　　　　　　　　　B. 电枢绕组消耗的功率

C. 输出功率　　　　　　　　　　　　D. 励磁绕组消耗的功率

59. 同步转速是指 （　　）

A. 额定转速　　　　B. 旋转磁场的转速　　　　C. 转子的转速

60. 变压器的铁芯通常用硅钢片叠成,其主要目的是 （　　）

A. 减少电器噪声　　　　　　　　　　B. 减少涡流损失

C. 提高剩磁　　　　　　　　　　　　D. 减少剩磁

61. 测量绝缘电阻可用 （　　）

A. 万用表　　　　　B. 电桥线路　　　　C. 电压表　　　　　D. 兆欧表

62. 三相负载星形连接时,中线的作用是 （　　）

A. 获得两种电压　　　　　　　　　　B. 获得两种电流

C. 在负载不对称时,保证各相电压仍相等　　D. 保证各线电压相等

63. 对电感性负载来说,提高功率因数的方法是 （　　）

A. 串联适当的电容　　　　　　　　　B. 并联适当的电阻

C. 串联适当的电阻　　　　　　　　　D. 并联适当的电容

64. 如在集中控制室和机旁两处起停电动机,则应将两处的启动按钮_____,两处的停止按钮_____ （　　）

A. 串联/串联　　　　B. 串联/并联　　　　C. 并联/串联　　　　D. 并联/并联

65. 在电动机的正.反转控制线路中,常将正、反转接触器的常闭触头相互串联在对方的接触器线圈电路中,这被称为 （　　）

A. 自锁控制　　　　B. 互锁控制　　　　C. 连锁控制　　　　D. 自保控制

66. 在电动机的正、反转控制线路中,可见到常把正转（反转）接触器的_____触点_____在反转(正转)接触器线圈电路中。 （　　）

A. 常开/串　　　　B. 常闭/串　　　　C. 常闭/并　　　　D. 常开/并

67. 由于衔铁不能吸合,因此造成线圈和铁芯发热而损坏的电器是 （　　）

A. 交流接触器　　　　　　　　　　　B. 直流接触器

C. 交流电流继电器　　　　　　　　　D. 直流电流继电器

68. 将额定电压为 220 V 的交流接触器接到 220 V 的直流电源上,则会发生 （　　）

A. 线圈烧坏　　　　　　　　　　　　B. 衔铁吸合不上

C. 工作对铁心振动有噪声　　　　　　D. 仍能工作

69. 交流电器的铁心通常采用硅钢片叠压而成,其主要目的是 （　　）

A. 减少铁芯发热程度　　　　　　　　B. 减少用铁量

C.拆装方便　　　　　　　　　　　　　D.增大磁通

70.对交流电器而言,若操作频率过高,会导致　　　　　　　　　　　（　　）

A.铁芯过热　　　　B.线圈过热　　　　C.触头过热　　　　D.触头烧焦

71.拉长直流接触器的铁心行程时,其吸力　　　　　　　　　　　　　（　　）

A.减小　　　　　　B.增大　　　　　　C.不变　　　　　　D.不能确定

72.刀开关的额定电压应等于或大于电路额定电压,其额定电流应_____电路的工作电流。　　　　　　　　　　　　　　　　　　　　　　　　　　　　　（　　）

A.稍小于　　　　　B.稍大于　　　　　C.等于或稍小于　　D.等于或稍大于

73.低压断路器的额定电压和额定电流应_____线路的正常工作电压和计算负载电流。　　　　　　　　　　　　　　　　　　　　　　　　　　　　　　　（　　）

A.不小于　　　　　B.小于　　　　　　C.等于　　　　　　D.小于或等于

74.专用继电器是一种根据电量或非电量的变化接通或断开小电流_____的器件。　　　　　　　　　　　　　　　　　　　　　　　　　　　　　　　　（　　）

A.主电路　　　　　B.主电路和控制电路　C.辅助电路　　　　D.控制电路

75.温度继电器广泛应用于电动机绕组、大功率晶体管等器件的　　　（　　）

A.短路保护　　　　B.过电流保护　　　C.过电压保护　　　D.过热保护

76.YJ系列的压力继电器技术数据中,额定电压为交流_____V,长期工作电流为3A。　　　　　　　　　　　　　　　　　　　　　　　　　　　　　　　（　　）

A.220　　　　　　B.380　　　　　　C.500　　　　　　D.1000

77.行程开关应根据控制回路的_____和电流选择其开关的列。　　（　　）

A.交流电压　　　　B.直流电压　　　　C.额定电压　　　　D.交、直流电压

78.在机床电气控制线路中用的变压器一般具有_____作用。　　（　　）

A.升压、隔离　　　B.降压、隔离　　　C.电流变换　　　　D.电阻变换

79.测定变压器的电压比应该在变压器处于_____情况下进行。　（　　）

A.空载状态　　　　B.轻载状态　　　　C.满载状态　　　　D.短路状态

80.三相异步电动机拖动负载运行时的转子转速_____定子产生的旋转磁场转速。　　　　　　　　　　　　　　　　　　　　　　　　　　　　　　　（　　）

A.等于　　　　　　B.大于　　　　　　C.小于　　　　　　D.不大于

81.异步电动机的绕组节距采用最多的是　　　　　　　　　　　　　（　　）

A.长节距　　　　　B.整节距　　　　　C.短节距　　　　　D.变节距

82.晶体三极管作开关使用时,是工作在其　　　　　　　　　　　　（　　）

A.放大区　　　　　B.饱和区　　　　　C.截止区　　　　　D.饱和区与截止区

83.三相异步电动机的启动电流一般是额定电流的_____倍。　　（　　）

A.4~6　　　　　　B.3~6　　　　　　C.4~7　　　　　　D.5~7

84.三相异步电动机的常见故障有:电动机过热、电动机振动、_____　（　　）

A.将三角形连接误接为星形连接　　　　B.笼条断裂

C.绕组头尾接反　　　　　　　　　　　D.电动机启动后转速低或转矩小

85.三相异步电动机额定运行时,其转差率一般为　　　　　　　　　（　　）

A.$S = 0.004 \sim 0.007$　　B.$S = 0.01 \sim 0.07$　　C.$S = 0.1 \sim 0.7$　　D.$S = 1$

86. 三相异步电动机反接制动时,其转差率为 （   ）

A. $S<1$　　　　　　B. $S=0$　　　　　　C. $S=1$　　　　　　D. $S>1$

87. 三相异步电动机回馈制动时,其转差率为 （   ）

A. $S<0$　　　　　　B. $S=0$　　　　　　C. $S=1$　　　　　　D. $S>1$

88. 三相异步电动机的额定功率是指 （   ）

A. 输入的视在功率　　　　　　　　　　B. 输入的有功功率

C. 产生的电磁功率　　　　　　　　　　D. 输出的机械功率

89. 三相异步电动机机械负载加重时,其定子电流将 （   ）

A. 增大　　　　　　B. 减小　　　　　　C. 不变　　　　　　D. 不一定

90. 三相异步电动机负载不变而电源电压降低时,其转子转速将 （   ）

A. 升高　　　　　　B. 降低　　　　　　C. 不变　　　　　　D. 不一定

91. 三相异步电动机启动转矩不大的主要原因是 （   ）

A. 启动时电压低　　　　　　　　　　　B. 启动时电流不大

C. 启动时磁通小　　　　　　　　　　　D. 启动时功率因数低

92. 三相异步电动机增大转子电阻,则其最大转矩 （   ）

A. 增大　　　　　　B. 减小　　　　　　C. 不变　　　　　　D. 不一定

93. 三相异步电动机增大转子电阻,则其启动电流 （   ）

A. 增大　　　　　　B. 减小　　　　　　C. 不变　　　　　　D. 不一定

94. 同步发电机从空载到满载,其端电压将 （   ）

A. 升高　　　　　　B. 降低　　　　　　C. 不变　　　　　　D. 都有可能

95. 同步电动机常用的启动方法是 （   ）

A. 同步启动法　　　B. 异步启动法　　　C. 电容启动法　　　D. 罩极启动法

96. 同步电动机的机械特性是 （   ）

A. 绝对硬特性　　　B. 硬特性　　　　　C. 软特性　　　　　D. 绝对软特性

97. 晶体三极管作开关使用时,是工作在其 （   ）

A. 放大区　　　　　B. 饱和区　　　　　C. 截止区　　　　　D. 饱和区与截止区

98. 三相异步电动机的启动电流一般是额定电流的_____倍。 （   ）

A. 4~6　　　　　　B. 3~6　　　　　　C. 4~7　　　　　　D. 5~7

99. 三相异步电动机的常见故障有:电动机过热、电动机振动、_____ （   ）

A. 将三角形连接误接为星形连接　　　　B. 笼条断裂

C. 绕组头尾接反　　　　　　　　　　　D. 电动机启动后转速低或转矩小

100. 三相异步电动机额定运行时,其转差率一般为 （   ）

A. $S=0.004~0.007$　　　　　　　　　B. $S=0.01~0.07$

C. $S=0.1~0.7$　　　　　　　　　　　D. $S=1$

101. 三相异步电动机反接制动时,其转差率为 （   ）

A. $S<1$　　　　　　B. $S=0$　　　　　　C. $S=1$　　　　　　D. $S>1$

102. 三相异步电动机回馈制动时,其转差率为 （   ）

A. $S<0$　　　　　　B. $S=0$　　　　　　C. $S=1$　　　　　　D. $S>1$

103. 三相异步电动机的额定功率是指 （   ）

A. 输入的视在功率   B. 输入的有功功率

C. 产生的电磁功率   D. 输出的机械功率

104. 三相异步电动机机械负载加重时,其定子电流将 （　　）

A. 增大   B. 减小   C. 不变   D. 不一定

105. 三相异步电动机负载不变而电源电压降低时,其转子转速将 （　　）

A. 升高   B. 降低   C. 不变   D. 不一定

106. 三相异步电动机启动转矩不大的主要原因是 （　　）

A. 启动时电压低   B. 启动时电流不大

C. 启动时磁通小   D. 启动时功率因数低

107. 三相异步电动机增大转子电阻,则其最大转矩 （　　）

A. 增大   B. 减小   C. 不变   D. 不一定

108. 三相异步电动机增大转子电阻,则其启动电流 （　　）

A. 增大   B. 减小   C. 不变   D. 不一定

109. 同步发电机从空载到满载,其端电压将 （　　）

A. 升高   B. 降低   C. 不变   D. 都有可能

110. 同步电动机常用的启动方法是 （　　）

A. 同步启动法   B. 异步启动法   C. 电容启动法   D. 罩极启动法

111. 同步电动机的机械特性是 （　　）

A. 绝对硬特性   B. 硬特性   C. 软特性   D. 绝对软特性

112. 同步电动机通常应工作在 （　　）

A. 欠励状态   B. 正励状态   C. 过励状态   D. 空载过励状态

113. 同步补偿机应工作在 （　　）

A. 欠励状态   B. 正励状态   C. 过励状态   D. 空载过励状态

114. 直流电动机电枢回路串电阻后,电动机的转速 （　　）

A. 升高   B. 降低   C. 不变   D. 无法确定

115. 大型及复杂设备的调速方法较多采用 （　　）

A. 电气调速   B. 机械调速

C. 电气与机械相结合的调速   D. 液压调速

116. 三极管放大区的放大条件为 （　　）

A. 发射结正偏,集电结反偏   B. 发射结反偏或零偏,集电结反偏

C. 发射结和集电结正偏   D. 发射结和集电结反偏

117. 在共发射极放大电路中,静态工作点一般设置在 （　　）

A. 直流负载线的上方   B. 直流负载线的中点上

C. 交流负载线的下方   D. 交流负载线的中点上

118. 在多级放大电路的级间耦合中,低频电压放大电路主要采用＿＿＿＿＿耦合方式。

（　　）

A. 阻容   B. 直接   C. 变压器   D. 电感

119. 多级放大器的总电压放大倍数等于各级放大电路电压放大倍数之 （　　）

A. 和   B. 差   C. 积   D. 商

120. 在晶体管输出特性曲线上,表示放大器静态时输出回路电压与电流关系的直线称为 （　）

A. 直流负载线　　　B. 交流负载线　　　C. 输出伏安线　　　D. 输出直线

121. 若晶体管静态工作点在交流负载线上位置定得太高,会造成输出信号的 （　）

A. 饱和失真　　　B. 截止失真　　　C. 交越失真　　　D. 线性失真

122. 晶体三极管输出特性曲线放大区中,平行线的间隔可直接反映出晶体三极_____的大小。 （　）

A. 基极电流　　　B. 集电极电流　　　C. 电流放大倍数　　　D. 电压放大倍数

123. 把放大器输出端短路,若反馈信号不为零,则反馈应属于_____反馈。 （　）

A. 并联　　　B. 串联　　　C. 电压　　　D. 电流

124. 串联负反馈会使放大电路的输入电阻_____ （　）

A. 变大　　　B. 减小　　　C. 为零　　　D. 不变

125. 射极输出器_____放大能力。 （　）

A. 具有电压　　　B. 具有电流　　　C. 具有功率　　　D. 不具有任何

126. 推挽功率放大电路若不设置偏置电路,输出信号将会出现_____ （　）

A. 饱和失真　　　B. 截止失真　　　C. 交越失真　　　D. 线性失真

127. OTL 功率放大器中与负载串联的电容器具有传送输出信号和_____的功能。 （　）

A. 隔直流　　　　　　　　　B. 对电源滤波

C. 提高输出信号电压　　　　D. 充当一个电源,保证晶体管能正常工作

128. 电路能形成自激振荡的主要原因是在电路中 （　）

A. 引入了负反馈　　　　　　B. 引入了正反馈

C. 电感线圈起作用　　　　　D. 供电电压正常

129. 在需要较低频率的振荡信号时,一般都采用_____振荡电路。 （　）

A. LC　　　B. RC　　　C. 石英晶体　　　D. 变压器

130. 在直流放大器中,零点漂移对放大电路中影响最大的是 （　）

A. 第一级　　　B. 第二级　　　C. 第三级　　　D. 末级

131. 引起零点漂移最主要的因素是 （　）

A. 温度的变化　　　　　　　B. 电路元件参数的变化

C. 电源电压的变化　　　　　D. 电路中电流的变化

132. 衡量差动放大电路性能质量的指标是 （　）

A. 差模放大倍数 A_d　　　　　　B. 共模放大倍数 A_c

C. 共模抑制比 K_{CMRR}　　　　　D. 输出电阻 R_o

133. 抑制零点漂移现象最有效且最常用的方法是在电路中采用 （　）

A. 正反馈　　　B. 负反馈　　　C. 降低电压　　　D. 差动放大电路

134. 当单结晶体管的发射极电压高于_____电压时就导通。 （　）

A. 额定　　　B. 峰点　　　C. 谷点　　　D. 安全

135. 加在晶闸管门极(控制极)上的触发信号电压一般为 （　）

A. 4～10 V　　　B. 12～18 V　　　C. 220 V　　　D. 380 V

136. _____用来提供一定波形及数值的信号。　　　　　　　　（　　）

　　A. 数字万用表　　　　B. 电子毫伏表　　　　C. 示波器　　　　D. 信号发生器

137. 组合逻辑电路的分析是　　　　　　　　　　　　　　　　　（　　）

　　A. 根据已有电路图进行分析　　　　　　B. 根据逻辑结果进行分析

　　C. 画出对应的电路图　　　　　　　　　D. 画出对应的输出时序图

138. 劳动者的基本权利包括_____等。　　　　　　　　　　　（　　）

　　A. 提高职业技能　　　　　　　　　　　B. 执行劳动安全卫生规程

　　C. 获得劳动报酬　　　　　　　　　　　D. 完成劳动任务

139. 电容三点式正弦振荡器属于_____振荡电路。　　　　　（　　）

　　A. RC　　　　　　　　B. RL　　　　　　　　C. LC　　　　　　　　D. 石英晶体

140. 电位是相对量,随参考点的改变而改变,而电压是_____,不随参考点的改变而改变。　　　　　　　　　　　　　　　　　　　　　　　　　　　　　　　（　　）

　　A. 衡量　　　　　　　B. 变量　　　　　　　C. 绝对量　　　　　　D. 相对量

141. 若干电阻_____后的等效电阻比每个电阻值大。　　　　（　　）

　　A. 串联　　　　　　　B. 混联　　　　　　　C. 并联　　　　　　　D. 星三角形

142. 有“220 V、100 W”和“220 V、25 W”白炽灯两盏,串联后接入 220 V 交流电源,其亮度情况是　　　　　　　　　　　　　　　　　　　　　　　　　　　　　　（　　）

　　A. 100 W 灯泡最亮　　　　　　　　　　B. 25 W 灯泡最亮

　　C. 两只灯泡一样亮　　　　　　　　　　D. 两只灯泡一样暗

143. 用万用表检测某二极管时,发现其反电阻约等于 1 KΩ,说明该二极管　（　　）

　　A. 已经击穿　　　　　B. 完好状态　　　　　C. 内部老化不通　　　D. 无法判断

144. 若使三极管具有电流放大能力,必须满足的外部条件是　　　　　（　　）

　　A. 发射结正偏、集电结正偏　　　　　　B. 发射结反偏、集电结反偏

　　C. 发射结正偏、集电结反偏　　　　　　D. 发射结反偏、集电结正偏

145. 测量交流电压时应选用_____电压表。　　　　　　　　　（　　）

　　A. 磁电系　　　　　　B. 电磁系　　　　　　C. 电磁系或电动系　　D. 整流系

146. 使用万用表时,把电池装入电池夹内,把两根测试表棒分别插入插座中,（　　）

　　A. 红的插入“+”插孔,黑的插入“＊”插孔

　　B. 黑的插入“＊”插孔,红的插入“+”插孔

　　C. 红的插入“+”插孔,黑的插入“－”插孔

　　D. 黑的插入“－”插孔,红的插入“+”插孔

147. 使用螺丝刀拧紧螺钉时要　　　　　　　　　　　　　　　　（　　）

　　A. 先用力旋转,再插入螺钉槽口　　　　B. 始终用力旋转

　　C. 先确认插入螺钉槽口,再用力旋转　　D. 不停地插拔和旋转

148. 钢丝钳(电工钳子)可以用来剪切　　　　　　　　　　　　　（　　）

　　A. 细导线　　　　　　B. 玻璃管　　　　　　C. 铜条　　　　　　　D. 水管

149. 导线截面的选择通常是由发热条件、机械强度、_____、电压损失和安全载流量等因素决定的。　　　　　　　　　　　　　　　　　　　　　　　　　　　　　（　　）

　　A. 电流密度　　　　　B. 绝缘强度　　　　　C. 磁通密度　　　　　D. 电压高低

150. 常用的绝缘材料包括：气体绝缘材料、_____和固体绝缘材料。 （　　）

　　A. 木头　　　　　　B. 玻璃　　　　　　C. 胶木　　　　　　D. 液体绝缘材料

151. _____的工频电流通过人体时，人体尚可摆脱，称为摆脱电流。 （　　）

　　A. 0.1 mA　　　　　B. 2 mA　　　　　　C. 4 mA　　　　　　D. 0 mA

152. 跨步电压触电，触电者的症状是 （　　）

　　A. 脚发麻　　　　　　　　　　　　　B. 脚发麻、抽筋并伴有跌倒在地

　　C. 腿发麻　　　　　　　　　　　　　D. 以上都是

153. 已知工频正弦电压有效值和初始值为 380 V，则该电压的瞬时值表达式为 （　　）

　　A. $u=380\sin 314t$ V　　　　　　　　B. $u=380\sin(314t+45°)$ V

　　C. $u=380\sin(314t+90°)$ V　　　　　D. $u=537\sin(314t+45°)$ V

154. 在正弦交流电路中，电路的功率因数取决于 （　　）

　　A. 电路各元件参数及电源频率　　　　B. 电路外加电压的大小

　　C. 电路的连接形式　　　　　　　　　D. 电路的电流

155. 提高供电线路的功率因数，下列说法正确的是 （　　）

　　A. 可以节省电能

　　B. 可提高电源设备的利用率并减少输电线路中的功率损耗

　　C. 减少了用电设备中无用的无功功率

　　D. 减少了用电设备的有功功率，提高了电源设备的容量

156. 三相对称电路的线电压比对应相电压 （　　）

　　A. 滞后 30°　　　　　B. 超前 60°　　　　　C. 滞后 60°　　　　　D. 超前 30°

157. 三相电动势到达最大的顺序是不同的，这种达到最大值的先后次序，称为三相电源的相序，相序为 U-V-W-U，称为 （　　）

　　A. 负序　　　　　　B. 相序　　　　　　C. 正序　　　　　　D. 逆序

158. 有一台三相交流电动机，每相绕组的额定电压为 220 V，对称三相电源电压为 380 V，则电动机的三相绕组应采用的联结方式是 （　　）

　　A. 三角形联结　　　　　　　　　　　B. 均可

　　C. 星形联结，无中线　　　　　　　　D. 星形联结，有中线

159. 一对称三相负载，三角形联结时的有功功率等于星形联结时的_____倍。

（　　）

　　A. 1　　　　　　　　B. $\sqrt{3}$　　　　　　　C. 3　　　　　　　　D. 2

160. 对称三相电路负载三角形联结，电源线电压为 380 V 负载复阻抗为 $Z=(8+6j)\Omega$，线电流为 （　　）

　　A. 54 A　　　　　　B. 22 A　　　　　　C. 66 A　　　　　　D. 38 A

161. 将变压器的一次绕组接交流电源，二次绕组_____，这种运行方式称为变压器空载运行。 （　　）

　　A. 开路　　　　　　B. 短路　　　　　　C. 通路　　　　　　D. 接负载

162. 变压器的器身主要由铁芯和_____两部分组成。 （　　）

　　A. 转子　　　　　　B. 绕组　　　　　　C. 定子　　　　　　D. 磁通

163. 三相异步电动机具有结构简单、工作可靠、质量轻、_____等优点。 （　　）

A.价格低　　　　　　B.调速性能好　　　　C.功率因数高　　　　D.交直流两用

164.某照明电路所带负载的额定功率为 1 000 W,额定电压为 220 V,应选_____ A 的熔丝以实现短路保护。　　　　　　　　　　　　　　　　　　　　　　　（　　）

A.5　　　　　　　　B.10　　　　　　　　C.15　　　　　　　　D.20

165.当电网临时性断电后,电动机在电源恢复时,不会自行启动的保护装置是 _____保护。　　　　　　　　　　　　　　　　　　　　　　　　　　　　（　　）

A.过载　　　　　　B.短路　　　　　　C.失(欠)压　　　　　D.A 或 B

166.对于具有磁力启动器装置的三相异步电动机,其缺相保护是通过_____自动实现的。　　　　　　　　　　　　　　　　　　　　　　　　　　　　　　　（　　）

A.熔断器　　　　　　　　　　　　　　B.热继电器

C.接触器配合起、停按钮　　　　　　　D.手动刀开关

167.晶体管的最根本的特点是具有　　　　　　　　　　　　　　　　　　　（　　）

A.电流放大作用　　　　　　　　　　　B.电压放大作用

C.功率放大作用　　　　　　　　　　　D.频率放大作用

168.三相异步电动机的定子由_____、定子铁芯、定子绕组、端盖、接线盒等组成。
　　　　　　　　　　　　　　　　　　　　　　　　　　　　　　　　　　（　　）

A.转子　　　　　　B.换向器　　　　　C.电刷　　　　　　　D.机座

169.三相异步电动机的转子由_____、转子绕组、风扇、转轴等组成。（　　）

A.端盖　　　　　　B.机座　　　　　　C.电刷　　　　　　　D.转子铁芯

170.电流流过电动机时,电动机将电能转换成　　　　　　　　　　　　　　（　　）

A.热能　　　　　　B.机械能　　　　　C.光能　　　　　　　D.其他形式的能

171.下面关于互感器的说法中,正确的是　　　　　　　　　　　　　　　　（　　）

A.电流互感器在使用时,副绕组可以开路

B.电流互感器在使用时,原绕组与负载串联

C.电压互感器在使用时,副绕组可以短路

D.电压互感器在使用时,原绕组与电压表并联

172.当二极管外加的正向电压超过死区电压时,电流随电压增加而迅速　（　　）

A.增加　　　　　　B.减小　　　　　　C.截止　　　　　　　D.饱和

173.三极管是由三层半导体材料组成的,分为三个区域,中间的一层为　　（　　）

A.集电区　　　　　B.发射区　　　　　C.栅区　　　　　　　D.基区

174.测得晶体管三个管脚的对地电压分别是 2 V、6 V、2.7 V,该晶体管的管型和三个管脚依次为　　　　　　　　　　　　　　　　　　　　　　　　　　　　（　　）

A.PNP 管,EBC　　B.PNP 管,CBE　　C.NPN 管,ECB　　　D.NPN 管,CBE

175.三极管的 f 大于等于_____为高频管。　　　　　　　　　　　　　（　　）

A.1 MHz　　　　　B.3 MHz　　　　　C.2 MHz　　　　　　D.4 MHz

176.三极管的功率大于等于_____为大功率管。　　　　　　　　　　　（　　）

A.2 W　　　　　　B.1 W　　　　　　C.1.5 W　　　　　　D.0.5 W

177.处于截止状态的三极管,其工作状态为　　　　　　　　　　　　　　　（　　）

A.发射结反偏,集电结反偏　　　　　　B.发射结正偏,集电结正偏

C. 发射结正偏,集电结反偏　　　　　　　　D. 发射结反偏,集电结正偏

178. 分压式偏置的共发射极放大电路中,若 V_0 点电位过高,电路易出现 （　　）

A. 饱和失真　　　　　　　　　　　　　　B. 晶体管被烧坏双向失真

C. 截止失真　　　　　　　　　　　　　　D. 不饱和失真

179. 发射极输出器的输出电阻小,说明该电路 （　　）

A. 取信号能力强　　　　　　　　　　　　B. 带负载能力差

C. 带负载能力强　　　　　　　　　　　　D. 减轻前级或信号源负荷

180. 基极电流 I_a 的数值较大时,易引起静态工作点 Q 接近 （　　）

A. 死区　　　　　B. 交越失真　　　　　C. 截止区　　　　　D. 饱和区

181. _____用来提供一定波形及数值的信号。 （　　）

A. 数字万用表　　B. 电子毫伏表　　　　C. 示波器　　　　　D. 信号发生器

182. _____用来观察电子电路信号的波形及数值。 （　　）

A. 电子毫伏表　　B. 信号发生器　　　　C. 示波器　　　　　D. 数字万用表

183. 测量直流电流时,应选用_____电流表。 （　　）

A. 整流系　　　　B. 磁电系　　　　　　C. 电磁系　　　　　D. 电动系

184. 测量直流电压时,应选用_____电压表。 （　　）

A. 感应系　　　　B. 电动系　　　　　　C. 电磁系　　　　　D. 磁电系

185. 测量电压时,应将电压表_____电路。 （　　）

A. 混联接入　　　　　　　　　　　　　　B. 串联接入

C. 并联接入　　　　　　　　　　　　　　D. 并联接入或串联接入

186. 用万用表测量电阻值时,应使指针指示在 （　　）

A. 欧姆刻度最左　　　　　　　　　　　　B. 欧姆刻度中心附近

C. 欧姆刻度最右　　　　　　　　　　　　D. 欧姆刻度 1/3 处

187. 兆欧表的接线端标有 （　　）

A. 接地 N、导通端 L、绝缘端 G　　　　　B. 接地 E、导通端 L、绝缘端 G

C. 接地 N、通电端 G、绝缘端 L　　　　　D. 接地 E、线路 L、屏蔽 G

188. 测量额定电压在 500 V 以下的设备或线路的绝缘电阻时,选用电压等级为_____ V 的兆欧表。 （　　）

A. 400　　　　　　B. 220　　　　　　　C. 380　　　　　　D. 500 或 1000

189. 高频淬火是根据_____进行的。 （　　）

A. 涡流原理　　　B. 电磁感应原理　　　C. 趋肤效应　　　　D. 电流的热效应

190. 电工指示仪表按仪表测量机构的结构和工作原理分,有_____等。 （　　）

A. 直流仪表和交流仪表　　　　　　　　　B. 电流表和电压表

C. 磁电系仪表和电磁系仪表　　　　　　　D. 安装式仪表和可携带式仪表

191. 钳形电流表每次测量只能钳入_____导线。 （　　）

A. 1 根　　　　　　B. 2 根　　　　　　　C. 3 根　　　　　　D. 4 根

192. 放大电路的静态工作点偏低易导致信号波形出现_____失真。 （　　）

A. 截止　　　　　　B. 饱和　　　　　　　C. 交越　　　　　　D. 非线性

193. 能用于传递交流信号且具有阻抗匹配的耦合方式是 （　　）

A. 阻容耦合　　　　B. 变压器耦合　　　　C. 直接耦合　　　　D. 电感耦合

194. 接通电源后,软启动器虽处于待机状态,但电动机有嗡嗡响。此故障不可能的原因是　　　　　　　　　　　　　　　　　　　　　　　　　　（　　）

A. 晶闸管短路故障　　　　　　　　B. 旁路接触器有触点粘连

C. 触发电路不工作　　　　　　　　D. 启动线路接线错误

195. 三相异步电动机进行反接制动时,_____绕组中通入相序相反的三相交流电。

（　　）

A. 补偿　　　　B. 励磁　　　　C. 定子　　　　D. 转子

196. 示波器的 X 轴通道对被测信号进行处理,然后加到示波器　　　　（　　）

A. 偏转板上　　　　B. 水平　　　　C. 垂直　　　　D. 偏上

E. 偏下

197. 伏安法测电阻是根据_____来算出数值。　　　　　　　　　（　　）

A. 欧姆定律　　　　B. 直接测量法　　　　C. 焦耳定律　　　　D. 基尔霍夫定律

198. 差动放大电路能放大　　　　　　　　　　　　　　　　　　　（　　）

A. 直流信号　　　　B. 交流信号　　　　C. 共模信号　　　　D. 差模信号

199. 下列不是集成运放非线性应用的是　　　　　　　　　　　　　（　　）

A. 过零比较器　　　　B. 滞回比较器　　　　C. 积分应用　　　　D. 比较器

200. 变压器的基本作用是在交流电路中变电压、_____、变阻抗、变相位和电气隔离。

（　　）

A. 变磁通　　　　B. 变电流　　　　C. 变功率　　　　D. 变频率

201. 变频器常见的各种频率给定方式中,最易受干扰的方式是_____方式。（　　）

A. 键盘给定　　　　B. 模拟电压信号给定　　C. 模拟电流信号给定　　D. 通信方式给定

202. 测得某电路板上晶体二极管 3 个电极对地的直流电位分别为 $U_e = 3$ V,$U_b = 3.7$ V,$U_c = 3.3$ V,则该管工作在　　　　　　　　　　　　　　（　　）

A. 放大区　　　　B. 饱和区　　　　C. 截止区　　　　D. 击穿区

203. 关于创新的正确论述是　　　　　　　　　　　　　　　　　（　　）

A. 不墨守成规,但不可标新立异

B. 企业经不起折腾,大胆地闯早晚会出问题

C. 创新是企业发展的动力

D. 创新需要灵感,但不需要情感

204. 符合有"0"得"1",全"1"得"0"逻辑关系的逻辑门是　　　　　（　　）

A. 或门　　　　B. 与门　　　　C. 非门　　　　D. 与非门

205. 单相桥式可控整流电路电阻性负载,晶闸管中的电流平均值是负载的_____倍。

（　　）

A. 0.5　　　　B. 1　　　　C. 2　　　　D. 0.25

206. 直流电动机结构复杂、价格贵、制造麻烦、维护困难,但是启动性能好、_____

（　　）

A. 调速范围大　　　　B. 调速范围小　　　　C. 调速力矩大　　　　D. 调速力矩小

207. 差动放大电路能放大　　　　　　　　　　　　　　　　　　　（　　）

A. 直流信号　　　　　B. 交流信号　　　　　C. 共模信号　　　　　D. 差模信号

208. 新型光电开关具有体积小、功能多、寿命长、_____、响应速度快、检测距离远以及抗光、电,磁干扰能力强等特点。　　　　　　　　　　　　　　　　（　　）

A. 耐高压　　　　　B. 精度高　　　　　C. 功率大　　　　　D. 电流大

209. 单结晶体管在电路图中的文字符号是　　　　　　　　　　　　　　（　　）

A. SCR　　　　　B. VT　　　　　C. VD　　　　　D. VC

210. 劳动安全卫生管理制度对未成年员工给了了特殊的劳动保护,规定严禁一切企业招收未满_____周岁的童工。　　　　　　　　　　　　　　　　　　（　　）

A. 14　　　　　B. 15　　　　　C. 16　　　　　D. 18

211. 判断由电流产生的磁场的方向用　　　　　　　　　　　　　　　　（　　）

A. 左手定则　　　　　B. 右手定则　　　　　C. 电动机定则　　　　　D. 安培定则

212. 一含源二端网络,测得其开路电压为 100 V,短路电流为 10 A,当外接 10 Ω 负载电阻时,负载电流是　　　　　　　　　　　　　　　　　　　　　　（　　）

A. 10 A　　　　　B. 5 A　　　　　C. 15 A　　　　　D. 20 A

213. 条形磁体中,磁性最强的部位是　　　　　　　　　　　　　　　　（　　）

A. 中间　　　　　B. 两极　　　　　C. 两侧面　　　　　D. 内部

214. 一电流源的内阻为 2 Ω,当把它等效变换成 10 V 的电压源,则此电流源的电流是　　　　　　　　　　　　　　　　　　　　　　　　　　　　　　　（　　）

A. 5 A　　　　　B. 2 A　　　　　C. 10 A　　　　　D. 2.5 A

215. 电动势为 10 V、内阻为 2 Ω 的电压源变换成电流源时,电流源的电流和内阻是　　　　　　　　　　　　　　　　　　　　　　　　　　　　　　　（　　）

A. 10 A,2 Ω　　　　　B. 20 A,2 Ω　　　　　C. 5 A,2 Ω　　　　　D. 2 A,5 Ω

216. 正弦交流电压 $U=100\sin(628t+60°)$ V,它的频率为　　　　　　　（　　）

A. 100 Hz　　　　　B. 50 Hz　　　　　C. 60 Hz　　　　　D. 628 Hz

217. 纯电感或纯电容电路无功功率等于　　　　　　　　　　　　　　　（　　）

A. 单位时间内所储存的电能　　　　　B. 电路瞬时功率的最大值

C. 电流单位时间内所做的功　　　　　D. 单位时间内与电源交换的有功电能

218. 电力系统负载大部分是感性负载,要提高电力系统的功率因数常采用　　（　　）

A. 串联电容补偿　　　　　B. 并联电容补偿

C. 串联电感　　　　　D. 并联电感

219. 一阻值为 3 Ω、感抗为 4 Ω 的电感线圈接在交流电路中,其功率因数为　（　　）

A. 0.3　　　　　B. 0.6　　　　　C. 0.5　　　　　D. 0.4

220. 一台电动机的效率是 0.75,若输入功率是 2 kW,它的额定功率是_____kW。　　　　　　　　　　　　　　　　　　　　　　　　　　　　（　　）

A. 1.5　　　　　B. 2　　　　　C. 2.4　　　　　D. 1.7

221. 疏失误差可以通过_____的方法来消除。　　　　　　　　　　（　　）

A. 校正测量仪表　　　　　B. 正负消去法

C. 加强责任心,抛弃测量结果　　　　　D. 采用合理的测试方法

222. 使用检流计时发现灵敏度低,可_____以提高灵敏度。　　　　（　　）
　　A. 适当提高张丝张力　　　　　　　　B. 适当放松张丝张力
　　C. 减小阻尼力矩　　　　　　　　　　D. 增大阻尼力矩

223. 电桥所用的电池电压超过电桥说明书上要求的规定值时,可能造成电桥的（　　）
　　A. 灵敏度上升　　　B. 灵敏度下降　　　C. 桥臂电阻被烧坏　　D. 检流计被击穿

224. 变压器负载运行时,副边感应电动势的相位滞后于原边电源电压的相位应
_____180°。　　　　　　　　　　　　　　　　　　　　　　　　　（　　）
　　A. 大于　　　　　　B. 等于　　　　　　C. 小于　　　　　　D. 小于等于

225. 大修后的变压器进行耐压试验时,发生局部放电,可能是因为　　　　（　　）
　　A. 绕组引线对油箱壁位置不当
　　B. 更换绕组时,绕组绝缘导线的截面选择偏小
　　C. 更换绕组时,绕组绝缘导线的截面选择偏大
　　D. 变压器油装得过满

226. 中、小型电力变压器控制盘上的仪表,指示着变压器的运行情况和电压质量,因此
必须经常监察,在正常运行时应每_____h抄表一次。　　　　　　　　（　　）
　　A. 0.5　　　　　　B. 1　　　　　　　C. 2　　　　　　　D. 4

227. 直流电焊机之所以不能被交流电焊机取代,是因为直流电焊机具有_____的优
点。　　　　　　　　　　　　　　　　　　　　　　　　　　　　　　（　　）
　　A. 制造工艺简单,使用控制方便
　　B. 电弧稳定,可焊接碳钢、合金钢和有色金属
　　C. 使用直流电源,操作较安全
　　D. 故障率明显低于交流电焊机

228. AXP—500型弧焊发电机他励励磁电路使用_____供电,以减小电源电压波动
时对励磁回路的影响。　　　　　　　　　　　　　　　　　　　　　　（　　）
　　A. 晶体管稳压整流电路　　　　　　　B. 晶闸管可控整流电路
　　C. 整流滤波电路　　　　　　　　　　D. 铁磁稳压器

229. 他励加串励式直流弧焊发电机焊接电流的粗调是靠_____来实现的。（　　）
　　A. 改变他励绕组的匝数　　　　　　　B. 调节他励绕组回路中串联电阻的大小
　　C. 改变串励绕组的匝数　　　　　　　D. 调节串励绕组回路中串联电阻的大小

230. 直流弧焊发电机为_____直流发电机。　　　　　　　　　　　　（　　）
　　A. 增磁式　　　　　B. 去磁式　　　　　C. 恒磁式　　　　　D. 永磁式

231. 采用YY/△接法的三相变极双速异步电动机变极调速时,调速前后电动机的
_____基本不变。　　　　　　　　　　　　　　　　　　　　　　　（　　）
　　A. 输出转矩　　　　B. 输出转速　　　　C. 输出功率　　　　D. 磁极对数

232. 按功率转换关系,同步电机可分_____类。　　　　　　　　　　（　　）
　　A. 1　　　　　　　B. 2　　　　　　　C. 3　　　　　　　D. 4

233. 在变电站中,专门用来调节电网的无功功率,补偿电网功率因数的设备是（　　）
　　A. 同步发电机　　　B. 同步补偿机　　　C. 同步电动机　　　D. 异步发电机

234. 我国研制的_____系列高灵敏度直流测速发电机,其灵敏度比普通测速发电机

高 1 000 倍,特别适合作为低速伺服系统中的速度检测元件。 （   ）

A. CY   B. ZCF   C. CK   D. CYD

235. 交流测速发电机的定子上装有 （   ）

A. 一个绕组   B. 两个串联的绕组

C. 两个并联的绕组   D. 两个在空间相差 90 电角度的绕组

236. 把封闭式异步电动机的凸缘端盖与离合器机座合并成为一个整体的叫_____
电磁调速异步电动机。 （   ）

A. 组合式   B. 整体式   C. 分立式   D. 独立式

237. 电磁转差离合器中,磁极的转速应该_____电枢的转速。 （   ）

A. 远大于   B. 大于   C. 等于   D. 小于

238. 被控制量对控制量能有直接影响的调速系统称为_____调速系统。 （   ）

A. 开环   B. 闭环   C. 直流   D. 交流

239. 在使用电磁调速异步电动机调速时,三相交流测速发电机的作用是 （   ）

A. 将转速转变成直流电压   B. 将转速转变成单相交流电压

C. 将转速转变成三相交流电压   D. 将三相交流电压转换成转速

二、是非题

（   ）1. 射极输出器的输入电阻小,输出电阻大,主要应用于多级放大电路的输入级和输出级。

（   ）2. 在不需要外加输入信号的情况下,放大电路能够输出持续的、有足够幅度的直流信号的现象叫振荡。

（   ）3. 直流放大器主要放大直流信号,但也能放人交流信号。

（   ）4. 在集成运算放大器中,为减小零点漂移都采用差动式放大电路,并利用非线性元件进行温度补偿。

（   ）5. 硅稳压管稳压电路只适用于负载较小的场合,且输出电压不能任意调节。

（   ）6. 非门的逻辑功能可概括为"有 0 出 1,有 1 出 0"。

（   ）7. RS 触发器当 $R=s=1$ 时,触发器状态不变。

（   ）8. 多谐振荡器既可产生正弦波,也能产生矩形波。

（   ）9. 只要有触发器就能做成数字寄存器。

（   ）10. 在带平衡电抗器的双反星形可控整流电路中,存在直流磁化问题。

（   ）11. 晶闸管斩波器的作用是把可调的直流电压变为固定的直流电压。

（   ）12. 在并联谐振式晶闸管逆变器中,负载两端是正弦波电压,负载电流也是正弦波电流。

（   ）13. 电力场效应管属于双极型器件。

（   ）14. 逆变电路输出频率较高时,电路中的开关元件应采用电力场效应管和绝缘栅双极晶体管。

（   ）15. 在斩波器中,采用电力场效应管后可降低对滤波元器件的要求,减少了斩波器的体积和质量。

（   ）16. 电力晶体管的缺点是要求必须具备专门的强迫换流电路。

（ ）17. 电力晶体管属于双极型晶体管。

（ ）18. 逆变器输出频率较高时,电路中的开关元件应采用电力晶体管。

（ ）19. 斩波器中的电力晶体管工作在线性放大状态。

（ ）20. 绝缘栅双极晶体管属于电流控制元件。

（ ）21. 逆变电路输出频率较高时,电路中的开关元件应采用晶闸管。

（ ）22. Y 系列电动机绝缘等级为 B 级。

（ ）23. 一般直流电机的换向极铁心采用硅钢片叠装而成。

（ ）24. 对小型直流电动机断路故障进行紧急处理时,在叠绕组中,将有断路绕组元件所接的两个相邻的换向片用导线连接起来。

（ ）25. 当直流电动机换向极绕组接反时,引起电刷火花过大,应使用指南针检查极性后改正接法。

（ ）26. 变压器进行空载试验时,要将变压器的高压侧开路,低压侧加上额定电压。

（ ）27. 直流发电机在原动机的拖动下产生交流电动势,再通过电枢产生直流电压输出。

（ ）28. 直流电动机换向器的作用是把流过电刷两端的直流电流变换成电枢绕组中的交流电流。

（ ）29. 当串励电动机轻载时,电动机转速很快,当电动机低速运行时,能产生很大的转矩去拖动负载。

（ ）30. 并励发电机的外特性是研究当发电机的转速保持额定值时,电枢端电压与负载电流之间的变化关系。

（ ）31. 三相异步电动机的电磁转矩与外加电压的平方成正比,与电源频率成反比。

（ ）32. 旋转变压器的结构与普通绕线转子异步电动机相同。

（ ）33. 在自动装置和遥控系统中使用的自整角机都是单台电机。

（ ）34. 自整角电机是一种感应式机电元件。

（ ）35. 反应式步进电动机定子每一个磁极距所占的转子齿数不是整数。

（ ）36. 感应子式中频发电机根据定、转子齿数间的关系可分为倍齿距式和等齿距式两种。

（ ）37. 参照异步电动机的工作原理可知,电磁调速异步电动机,转差离合器磁极的转速必须大于其电枢转速,否则转差离合器的电枢和磁极间就没有转差,也就没有电磁转矩产生。

（ ）38. 用逆变器驱动同步电动机时,只要改变逆变电路的输出频率并协调地改变输出电压,即可实现同步电动机的调速。

（ ）39. 交流异步电动机在变频调速过程中,应尽可能使空隙磁通大些。

（ ）40. 开环系统对于负载变化引起的转速变化不能自我调节,但对其他外界扰动是能自我调节的。

（ ）41. 转速负反馈调速系统的动态特点取决于系统的闭环放大倍数。

（ ）42. 电压负反馈调速系统在低速运行时,容易发生停转现象,主要原因是电压负反馈太强。

（ ）43. 电流正反馈是一种对系统扰动量进行补偿控制的调节方法。

（　　）44. 电流截止负反馈是一种只在调速系统主电路过电流下起负反馈调节作用的环节，用来限制主回路过电流。

（　　）45. 有静差调速系统是依靠偏差进行调节的；无静差调速系统是依靠偏差的积累进行调节的。

（　　）46. 双闭环调速系统包括电流环和速度环。电流环为外环，速度环为内环，两环是串联的，又称双环串级调速。

（　　）47. PLC 交流电梯程序控制方式主要采用逻辑运算方式及算术运算方式。

（　　）48. 微机内的乘、除法运算一般要用十进制。

（　　）49. PLC 可编程序控制器输入部分是收集被控制设备的信息或操作指令。

（　　）50. 在 PLC 程序编制过程中，同一编号的线圈在一个程序中可以多次使用。

（　　）51. 线圈自感电动势的大小正比于线圈中电流的变化率，与线圈中电流的大小无关。

（　　）52. 当 RLC 串联电路发生谐振时，电路中的电流将达到其最大值。

（　　）53. 变压器的铁心必须一点接地。

（　　）54. 画放大电路的交流通道时，电容可看作开路，直流电源可视为短路。

（　　）55. 晶体三极管作为开关使用时，应工作在放大状态。

（　　）56. 放大电路引入负反馈，能够减小非线性失真，但不能消除失真。

（　　）57. 差动放大器在理想对称的情况下，可以完全消除零点漂移现象。

（　　）58. 集成运算放大器的输入级一般采用差动放大电路，其目的是要获得很高的电压放大倍数。

（　　）59. 集成运算放大器的内部电路一般采用直接耦合方式，因此它只能放大直流信号，而不能放大交流信号。

（　　）60. 只要是理想运算放大器，不论它工作在线性状态还是非线性状态，其反相输入端和同相输入端均不从信号源索取电流。

任务 6.2　试题样例

注意事项

1. 本试卷依据 2009 年颁布的《维修电工国家职业技能标准》命制,考试时间:120 min。

2. 请在试卷标封处填写姓名、准考证号和所在单位的名称。

3. 请仔细阅读答题要求,在规定位置填写答案。

	一	二	总分
得分			

得分	
评分人	

一、单项选择题(第 1~160 题;每题 0.5 分,共 80 分)

1. 为了促进企业的规范化发展,需要发挥企业文化的_____功能。

　A. 娱乐　　　　　　　B. 主导　　　　　　　C. 决策　　　　　　　D. 自律

2. 职业道德通过_____,起着增强企业凝聚力的作用。

　A. 协调员工之间的关系　　　　　　B. 增加职工福利

　C. 为员工创造发展空间　　　　　　D. 调节企业与社会的关系

3. 正确阐述职业道德与人生事业关系的选项是_____。

　A. 没有职业道德的人,任何时刻都不会获得成功

　B. 具有较高职业道德的人,任何时刻都会获得成功

　C. 事业成功的人往往不需要较高的职业道德

　D. 职业道德是获得人生事业成功的重要条件

4. 在职业活动中,不符合待人热情要求的是_____。

　A. 严肃待客,表情冷漠　　　　　　B. 主动服务,细致周到

　C. 微笑大方,不厌其烦　　　　　　D. 亲切友好,宾至如归

5. 企业生产经营活动中,要求员工遵纪守法是_____。

　A. 约束人的体现　　　　　　　　　B. 保证经济活动正常进行所决定的

　C. 领导者人为的规定　　　　　　　D. 追求利益的体现

6. 作为一名工作认真负责的员工,应该是_____。

　A. 领导说什么就做什么

　B. 领导亲自安排的工作认真做,其他工作可以马虎一点

　C. 面上的工作要做仔细一些,看不列的工作可以快一些

　D. 工作不分大小,都要认真去做

7. 线性电阻与所加_____、流过的电流以及温度无关。

　A. 功率　　　　　　　B. 电压　　　　　　　C. 电阻率　　　　　　D. 电动势

8. 全电路欧姆定律指出:电路中的电流由电源_____、内阻和负载电阻决定。

　A. 功率　　　　　　　B. 电压　　　　　　　C. 电阻　　　　　　　D. 电动势

9. 电功的常用实用单位是_____。

　　A.焦耳(J)　　　　　　　B.伏安(VA)　　　　　　C.度(°)　　　　　　　D.瓦(W)

10. 磁场内各点的磁感应强度大小相等、方向相同,则称为_____。

　　A.均匀磁场　　　　　　B.匀速磁场　　　　　　C.恒定磁场　　　　　D.交变磁场

11. 铁磁性质在反复磁化过程中的 B-H 关系是_____。

　　A.起始磁化曲线　　B.磁滞回线　　　　　C.基本磁化曲线　　　　D.局部磁滞回线

12. 三相对称电路的线电压比对应相电压_____。

　　A.超前 30°　　　　　　B.超前 60°　　　　　　C.滞后 30°　　　　　D.滞后 60°

13. 一台电动机绕组是 Y 连接,接到线电压为 380 V 的三相电源上,测得线电流为 10 A,则电动机每相绕组的阻抗值为_____。

　　A.38 Ω　　　　　　　　B.22 Ω　　　　　　　　C.66 Ω　　　　　　　D.11Ω

14. 将变压器的一次侧绕组接交流电源,二次侧绕组的电流大于额定值,这种运行方式称为_____运行。

　　A.空较　　　　　　　　B.过载　　　　　　　　C.满载　　　　　　　D.轻载

15. 三相异步电动机的优点是_____。

　　A.调速性能好　　　　　B.交直流两用　　　　　C.功率因数高　　　　D.结构简单

16. 熔断器的作用是_____。

　　A.短路保护　　　　　　B.过载保护　　　　　　C.失电压保护　　　　D.零压保护

17. 读图的基本步骤有:看图样说明,_____,看安装接线图。

　　A.看主电路　　　　　　B.看电路图　　　　　　C.看辅助电路　　　　D.看交流电路

18. 当二极管外加电压时,反向电流很小,且不随_____变化。

　　A.正向电流　　　　　　B.正向电压　　　　　　C.电压　　　　　　　D.反向电压

19. 三极管的功率大于等于_____为大功率管。

　　A.1 W　　　　　　　　B.0.5 W　　　　　　　C.2 W　　　　　　　　D.1.5 W

20. 单相桥式整流电路的变压器二次侧电压为 20 V.每个整流二极管所承受的最大反向电压为_____。

　　A.20 V　　　　　　　　B.28.28 V　　　　　　C.40 V　　　　　　　D.56.56 V

21. 测量额定电压在 500 V 以下的设备或线路的绝缘电阻时,选用电压等级为_____。

　　A.380 V　　　　　　　B.400 V　　　　　　　C.500 V 或 1 000 V　　D.220 V

22. 喷灯点火时,_____严禁站人。

　　A.喷灯左侧　　　　　　B.喷灯前　　　　　　　C.喷灯右侧　　　　　D.喷嘴后

23. 千分尺测微杆的螺距为_____,它装入固定套筒的螺孔中。

　　A.0.6 mm　　　　　　B.0.8 mm　　　　　　C.0.5 mm　　　　　　D.1 mm

24. 常用的裸导线有铜绞线、_____和钢芯铝绞线。

　　A.钨丝　　　　　　　　B.钢丝　　　　　　　　C.铝绞线　　　　　　D.焊锡丝

25. 机床照明、移动行灯等设备使用的安全电压为_____。

　　A.9 V　　　　　　　　B.12 V　　　　　　　　C.24 V　　　　　　　D.36 V

26. 台钻钻夹头的松紧必须用专用_____操作,不准用锤子或其他物品敲打。

A. 工具　　　　　　　　B. 扳子　　　　　　　　C. 钳子　　　　　　　　D. 钥匙

27. 劳动者的基本义务包括_____等。

A. 执行劳动安全卫生规程　　　　　　　　B. 超额完成任务

C. 休息　　　　　　　　　　　　　　　　D. 休假

28. 调节电桥平衡时,若检流计指针向标有"+"的方向偏转,说明_____。

A. 通过检流计电流大,应增大比较臂的电阻

B. 通过检流计电流小,应增大比较臂的电阻

C. 通过检流计电流小,应减小比较臂的电阻

D. 通过检流计电流大,应减小比较臂的电阻

29. 直流单臂电桥测量十几 Ω 电阻时,比率应选为_____。

A. 0.001　　　　　　B. 0.01　　　　　　　C. 0.1　　　　　　　D. 1

30. 直流双臂电桥的桥臂电阻均应大于_____。

A. 10 Ω　　　　　　B. 30 Ω　　　　　　C. 20 Ω　　　　　　D. 50 Ω

31. 信号发生器的幅值衰减 20dB,表示输出信号衰减_____。

A. 95%　　　　　　B. 50%　　　　　　C. 90%　　　　　　D. 99%

32. 低频信号发生器的频率范围为_____。

A. 20 Hz～200 kHz　　　　　　　　　B. 100 Hz～1 000 kHz

C. 200 Hz～2 000 kHz　　　　　　　　D. 10 Hz～2 000 kHz

33. 表示数字万用表抗干扰能力的共模抑制比可达_____。

A. 80～120 dB　　　B. 80 dB　　　　　C. 120 dB　　　　　D. 40～60 dB

34. 示波器中的_____经过偏转板时产生偏移。

A. 电荷　　　　　　B. 高速电子束　　　C. 电压　　　　　　D. 电流

35. 晶体管特性图示仪的功耗限制电阻相当于晶体管放大电路的_____电阻。

A. 基极　　　　　　B. 集电极　　　　　C. 限流　　　　　　D. 降压

36. 晶体管毫伏表最小量程一般为_____。

A. 10 mV　　　　　B. 1 mV　　　　　　C. 1 V　　　　　　D. 0.1 V

37. 三端集成稳压电路 78L06 允许的输出电流最大值为_____。

A. 1 A　　　　　　B. 0.1 A　　　　　　C. 1.5 A　　　　　D. 0.01 A

38. 78 及 79 系列三端集成稳压电路的封装通常采用_____。

A. TO-220、TO-202　　　　　　　　　B. TO-110、TO-202

C. TO-220、TO-101　　　　　　　　　D. TO-110、TO-220

39. 普通晶闸管的额定电流是以工频_____电流的平均值来表示的。

A. 三角波　　　　　B. 方波　　　　　　C. 正弦半波　　　　D. 正弦全波

40. 单结晶体管两个基极的文字符号是_____。

A. C_1、C_2　　　B. D_1、D_2　　　C. E_1、E_2　　　D. B_1、B_2

41. 分压式偏置共射放大电路稳定工作点效果受_____影响。

A. R_C　　　　　　B. R_B　　　　　　C. R_E　　　　　　D. U_{CC}

42. 固定偏置共射放大电路出现截止失真,是_____。

A. R_B 偏小　　　　B. R_B 偏大　　　　C. R_C 偏小　　　　D. R_C 偏大

43. 为了增加带负载能力,常利用共集电极放大电路_____的特性。

A. 输入电阻大   B. 输入电阻小   C. 输出电阻大   D. 输出电阻小

44. 输入电阻最小的放大电路是_____。

A. 共射极放大电路   B. 共集电极放大电路   C. 共基极放大电路   D. 差动放大电路

45. 能用于传递交流信号,电路结构简单的耦合方式是_____。

A. 阻容耦合   B. 变压器耦合   C. 直接耦合   D. 电感耦合

46. 下列不是集成运放的非线性应用的是_____。

A. 过零比较器   B. 滞回比较器   C. 积分应用   D. 比较器

47. 音频集成功率放大器的电源电压一般为_____。

A. 5 V   B. 10 V   C. 5~8 V   D. 6 V

48. 对于 RC 选频振荡电路,当电路发生谐振时,选频电路的相位移为_____。

A. 90°   B. 180°   C. 0°   D. −90°

49. 对于 LC 选频振荡电路,当电路频率高于谐振频率时,电路性质为_____。

A. 电阻性   B. 感性   C. 容性   D. 纯电容性

50. 串联型稳压电路的调整管接成_____电路形式。

A. 共基极   B. 共集电极   C. 共射极   D. 分压式共射极

51. CW7806 型三端集成稳压器件的输出电压、最大输出电流分别为_____。

A. 6 V、1.5 A   B. 6 V、1 A   C. 6 V、0.5 A   D. 6 V、0.1 A

52. 下列不属于三态门的逻辑状态的是_____。

A. 高电平   B. 低电平   C. 大电流   D. 高阻

53. 单相半波可控整流电路电感性负载接续流二极管,$\alpha = 90°$ 时,输出电压 U_d 为_____。

A. $0.45U_2$ B. $0.9U_2$ C. $0.225U_2$ D. $1.35U_2$

54. 单相桥式可控整流电路电阻性负载时,控制角 α 的移相范围是_____。

A. 0°~360°   B. 0°~270°   C. 0°~90°   D. 0°~180°

55. 单相桥式可控整流电路电阻性负载,晶闸管中的电流平均值是负载的_____。

A. 0.5 倍   B. 1 倍   C. 2 倍   D. 0.25 倍

56. _____触发电路输出尖脉冲。

A. 交流变频   B. 脉冲变压器   C. 集成   D. 单结晶体管

57. 晶闸管电路中采用_____的方法来防止电流尖峰。

A. 串联小电容   B. 并联小电容   C. 串联小电感   D. 并联小电感

58. 晶闸管两端并联压敏电阻的目的是_____。

A. 防止冲击电流   B. 防止冲击电压   C. 实现过电流保护   D. 实现过电压保护

59. 控制和保护含半导体器件的直流电路中宜选用_____断路器。

A. 塑壳式   B. 限流型   C. 框架式   D. 直流快速

60. 对于_____工作制的异步电动机,热继电器不能实现可靠的过载保护。

A. 轻载   B. 半载   C. 重复短时   D. 连续

61. 行程开关根据安装环境选择防护方式,如开启式或_____。

A. 防火式   B. 塑壳式   C. 防护式   D. 铁壳式

62. 选用 LED 指示灯的优点之一是_____。

　　A. 发光强　　　　　B. 用电省　　　　　C. 价格低　　　　　D. 颜色多

63. BK 系列控制变压器适用于机械设备中一般电器的_____、局部照明及指示电源。

　　A. 电动机　　　　　B. 油泵　　　　　C. 控制电源　　　　　D. 压缩机

64. 压力继电器选用时,首先要考虑所测对象的压力范围,其次要考虑是否符合电路中的额定电压、_____、所测管路接口管径的大小。

　　A. 触点的功率因数　　B. 触点的电阻率　　C. 触点的绝缘等级　　D. 触点的电流容量

65. 直流电动机按照励磁方式可分为他励、_____、串励和复励四类。

　　A. 电励　　　　　B. 并励　　　　　C. 激励　　　　　D. 自励

66. 直流电动机启动时,随着转速的上升,电枢回路的电阻要_____。

　　A. 先增大后减小　　B. 保持不变　　　C. 逐渐增大　　　D. 逐渐减小

67. 直流电动机降低电枢电压调速时,属于_____调速方式。

　　A. 恒转矩　　　　　B. 恒功率　　　　　C. 通风机　　　　　D. 泵类

68. 直流电动机的各种制动方法中,能平稳停车的方法是_____。

　　A. 反接制动　　　　B. 回馈制动　　　C. 能耗制动　　　D. 再生制动

69. 下列故障原因中_____会造成直流电动机不能启动。

　　A. 电源电压过高　　　　　　　　　　B. 电源电压过低

　　C. 电刷架位置不对　　　　　　　　　D. 励磁回路电阻过大

70. 绕线式异步电动机转子串电阻启动时,随着转速的升高,要逐渐_____。

　　A. 增大电阻　　　　B. 减小电阻　　　C. 串入电阻　　　D. 串入电感

71. 下列属于多台电动机顺序控制线路的是_____。

　　A. 一台电动机正转时不能立即反转的控制线路

　　B. Y-△启动控制线路

　　C. 电梯先上升后下降的控制线路

　　D. 电动机 2 可以单独停止,电动机 1 停止时电动机 2 也停止的控制线路

72. 多台电动机的顺序控制线路_____。

　　A. 只能通过主电路实现

　　B. 既可以通过主电路实现,又可以通过控制电路实现

　　C. 只能通过控制电路实现

　　D. 必须主电路和控制电路同时具备该功能才能实现

73. 下列不属于位置控制线路的是_____。

　　A. 走廊照明灯的两处控制电路　　　　B. 龙门刨床的自动往返控制电路

　　C. 电梯的开关门电路　　　　　　　　D. 工厂车间里行车的终点保护电路

74. 三相异步电动机能耗制动时_____中通入直流电。

　　A. 转子绕组　　　　B. 定子绕组　　　C. 励磁绕组　　　D. 补偿绕组

75. 三相异步电动机能耗制动的控制线路至少需要_____按钮。

　　A. 2 个　　　　　　B. 1　　　　　　C. 4 个　　　　　D. 3 个

76. 三相异步电动机反接制动,转速接近零时要立即断开电源,否则电动机会_____。

A. 飞车　　　　　　B. 反转　　　　　　C. 短路　　　　　　D. 烧坏

77. 三相异步电动机倒拉反接制动时需要_____。

A. 转子率入较大的电阻　　　　　　B. 改变电源的相序

C. 定子通入直流电　　　　　　　　D. 改变转子的相序

78. 三相异步电动机再生制动时,将机械能转换为电能,回馈到_____。

A. 负载　　　　B. 转子绕组　　　　C. 定子绕组　　　　D. 电网

79. 同步电动机采用变频启动法启动时,转子励磁绕组应该_____。

A. 接到规定的直流电源　　　　　　B. 串入一定的电阻后短接

C. 开路　　　　　　　　　　　　　D. 短路

80. M7130 型平面磨床控制电路中串接着转换开关 QS2 的常开触点和_____。

A. 欠电流继电器 KUC 的常开触点　　B. 欠电流继电器 KUC 的常闭触点

C. 过电流继电器 KUC 的常开触点　　D. 过电流继电器 KUC 的常闭触点

81. M7130 型平面磨床控制线路中整流变压器安装在配电板的_____。

A. 左方　　　　B. 右方　　　　C. 上方　　　　D. 下方

82. M7130 型平面磨床中,电磁吸盘 YH 工作后_____和工作台才能进行磨削加工。

A. 液压泵电动机　　B. 砂轮电动机　　C. 压力继电器　　D. 照明变压器

83. M7130 型平面磨床中,砂轮电动机的热继电器经常动作。轴承正常,砂轮进给量正常,则需要检查和调整_____。

A. 照明变压器　　B. 整流变压器　　C. 热继电器　　D. 液压泵电动机

84. C6150 型车床控制电路中有_____行程开关。

A. 3 个　　　　B. 4 个　　　　C. 5 个　　　　D. 6 个

85. C6150 型车床控制线路中变压器安装在配电板的_____。

A. 左方　　　　B. 右方　　　　C. 上方　　　　D. 下方

86. C6150 型车床主轴电动机反转、电磁离合器 YC1 通电时,主输的转向为_____。

A. 正转　　　　B. 反转　　　　C. 高速　　　　D. 低速

87. C6150 型车床_____的正反转控制线路具有中间继电器互锁功能。

A. 冷却液电动机　　B. 主轴电动机　　C. 快速移动电动机　　D. 主轴

88. C6150 型车床控制电路无法工作的原因是_____。

A. 接触器 KM1 损坏　　　　　　　B. 控制变压器 TC 损坏

C. 接触器 KM2 损坏　　　　　　　D. 三位置自动复位开关 SA1 损坏

89. C6150 型车床其他正常,主轴无制动时,应重点检修_____。

A. 电源进线开关　　　　　　　　　B. 接触器 KM1 和 KM2 的常闭触点

C. 控制变压器 TC　　　　　　　　D. 过电流继电器 KUC 的常闭触点

90. Z3040 型摇臂钻床主电路中的 4 台电动机有_____需要正反转控制。

A. 2 台　　　　B. 3 台　　　　C. 4 台　　　　D. 1 台

91. Z3040 型摇臂钻床的冷却泵电动机由_____控制。

A. 接插器　　　　B. 接触器　　　　C. 按钮点动　　　　D. 手动开关

92. Z3040 型摇臂钻床中的控制变压器比较重,所以应该安装在配电板的_____。

A. 下方　　　　B. 上方　　　　C. 右方　　　　D. 左方

93. Z3040 型摇臂钻床中的液压泵电动机_____。

A. 由接触器 KM1 控制单向旋转

B. 由接触器 KM2 和 KM3 控制点动正反转

C. 由接触器 KM4 和 KM5 控制实现正反转

D. 由接触器 KM1 和 KM2 控制自动往返工作

94. Z3040 型摇臂钻床中液压泵电动机的正反转具有_____功能。

A. 接触器互锁　　　　B. 双重互锁　　　　C. 按钮互锁　　　　D. 电磁阀互锁

95. Z3040 型摇臂钻床中摇臂不能升降的原因可能是_____。

A. 时间继电器定时不合适　　　　　　　B. 行程开关 SQ3 位置不当

C. 三相电源相序接反　　　　　　　　　D. 主轴电动机故障

96. Z3040 型摇臂钻床中摇臂不能升降的原因是摇臂松开后 KM2 回路不通时，应_____。

A. 调整行程开关 SQ2 的位置　　　　　B. 重接电源相序

C. 更换液压泵　　　　　　　　　　　　D. 调整速度继电器的位置

97. 光电开关的接收器部分包含_____。

A. 定时器　　　　B. 调制器　　　　C. 发光二极管　　　　D. 光电三极管

98. 光电开关的接收器根据所接收到的光线强弱对目标物体实现探测，产生_____。

A. 开关信号　　　　B. 压力信号　　　　C. 警示信号　　　　D. 频率信号

99. 光电开关可以_____、无损伤地迅速检测和控制各种固体、液体、透明体、黑体、柔软体、烟雾等物质的状态。

A. 高亮度　　　　B. 小电流　　　　C. 非接触　　　　D. 电磁感应

100. 当检测远距离的物体时，应优先选用_____光电开关。

A. 光纤式　　　　B. 槽式　　　　C. 对射式　　　　D. 漫反射式

101. 光电开关的配线不能与_____放在同一配线管或线槽内。

A. 光纤线　　　　B. 网络线　　　　C. 动力线　　　　D. 电话线

102. 高频振荡电感型接近开关主要由感应头、_____、开关器、输出电路等组成。

A. 光电三极管　　　　B. 发光二极管　　　　C. 振荡器　　　　D. 继电器

103. 高频振荡电感型接近开关的感应头附近有金属物体接近时，接近开关_____。

A. 涡流损耗减少　　　B. 振荡电路工作　　　C. 有信号输出　　　D. 工作速度

104. 接近开关的图形符号中有一个_____。

A. 长方形　　　　B. 平行四边形　　　　C. 菱形　　　　D. 正方形

105. 当检测体为_____时，应选用电容型接近开关。

A. 透明材料　　　　B. 不透明材料　　　　C. 金属材料　　　　D. 非金属材料

106. 选用接近开关时应注意对工作电压、负载电流、_____、检测距离等各项指标的要求。

A. 工作功率　　　　B. 响应频率　　　　C. 工作电流　　　　D. 工作速度

107. 磁性开关可以由_____构成。

A. 继电器和电磁铁　　B. 二极管和三极管　　C. 永久磁铁和干簧管　D. 三极管和继电器

108. 磁性开关中干簧管的工作原理是_____。

A. 与霍尔元件一样　　　　　　　　B. 磁铁靠近接通，无磁断开

C. 通电接通，无电断开　　　　　　D. 与电磁铁一样

109. 磁性开关的图形符号中，常开触点部分与_____的符号相同。

A. 断路器　　　　B. 一般开关　　　　C. 热继电器　　　　D. 时间继电器

110. 磁性开关用于_____场所时应选金属材质的器件。

A. 化工企业　　　　B. 真空低压　　　　C. 强酸强碱　　　　D. 高温高压

111. 磁性开关在使用时要注意磁铁与_____之间的有效距离在 10 mm 左右。

A. 干簧管　　　　B. 磁铁　　　　C. 触点　　　　D. 外壳

112. 增量型光电编码器主要由_____、码盘、检测光栅、光电检测器件和转换电路组成。

A. 光电三极管　　　　B. 运算放大器　　　　C. 脉冲发生器　　　　D. 光源

113. 增量型光电编码器每产生一个输出脉冲信号就对应于一个_____。

A. 增量转速　　　　B. 增量位移　　　　C. 角度　　　　D. 速度

114. 增量型光电编码器用于高精度测量时要选用旋转一周对应_____的器件。

A. 电流较大　　　　B. 电压较高　　　　C. 脉冲数较少　　　　D. 脉冲数较多

115. 增量型光电编码器配线时，应避开_____。

A. 电话线、信号线　　B. 网络线、电话线　　C. 高压线、动力线　　D. 电灯线、电话线

116. FX2N 系列 PLC 定时器用_____表示。

A. X　　　　B. Y　　　　C. T　　　　D. C

117. PLC 通过编程可以灵活地改变_____，实现改变常规电气控制电路的目的。

A. 主电路　　　　B. 硬接线　　　　C. 控制电路　　　　D. 控制程序

118. FX2N 系列 PLC 梯形图规定串联和并联的触点数是_____。

A. 有限的　　　　B. 无限的　　　　C. 最多 4 个　　　　D. 最多 7 个

119. PLC 在 RUN 模式下，执行顺序是_____。

A. 输入采样→执行用户程序→输出刷新

B. 执行用户程序→输入采样→输出刷新

C. 输入采样→输出刷新→执行用户程序

D. 输出刷新→输入采样→执行用户程序

120. PLC _____阶段把逻辑解读的结果通过输出部件输出给现场的受控元件。

A. 输出采样　　　　B. 输入采样　　　　C. 程序执行　　　　D. 输出刷新

121. PLC 停止时，_____阶段停止执行。

A. 输出采样　　　　B. 输入采样　　　　C. 程序执行　　　　D. 输出刷新

122. 继电器接触器控制电路中的时间继电器在 PLC 控制中可以用_____替代。

A. T　　　　B. C　　　　C. S　　　　D. M

123. FX2N-40MR PLC 表示 F 系列_____。

A. 基本单元　　　　B. 扩展单元　　　　C. 单元类型　　　　D. 输出类型

124. 下列选项中_____不是 PLC 的抗干扰措施。

A. 可靠接地　　　　B. 电源滤波　　　　C. 晶体管输出　　　　D. 光电耦合器

125. FX2N 系列 PLC 中回路并联连接用_____指令。

A. AND　　　　　　　　B. ANI　　　　　　　　C. ANB　　　　　　　D. ORB

126. 在FX2N系列PLC中，M8000线圈用户可以使用_____。

A. 3次　　　　　　　　B. 2次　　　　　　　　C. 1次　　　　　　　D. 0次

127. PLC编程时，子程序可以有_____。

A. 无限个　　　　　　　B. 3个　　　　　　　　C. 2个　　　　　　　D. 1个

128. PLC使用较广的编程方式是_____。

A. 功能表图　　　　　　B. 梯形图　　　　　　　C. 位置图　　　　　　D. 逻辑图

129. 在FX_{2N}系列PLC中，T200的定时精度为_____。

A. 1 ms　　　　　　　　B. 10 ms　　　　　　　C. 100 ms　　　　　　D. 1 s

130. 简单的PLC梯形图设计时一般采用_____。

A. 子程序　　　　　　　B. 顺序控制设计法　　　C. 经验法　　　　　　D. 中断程序

131. 计算机对PLC进行程序下载时，需要使用配套的_____。

A. 网络线　　　　　　　B. 接地线　　　　　　　C. 电源线　　　　　　D. 通信电缆

132. 三菱GX Developer PLC编程软件可以对_____PLC进行编程。

A. A系列　　　　　　　B. Q系列　　　　　　　C. FX系列　　　　　　D. 选项A、B和C

133. 将程序写入PLC时，首先将_____清零。

A. 存储器　　　　　　　B. 计数器　　　　　　　C. 计时器　　　　　　D. 计算器

134. 对于晶体管输出型PLC，其所带负载只能是_____电源供电。

A. 额定交流　　　　　　B. 额定直流　　　　　　C. 额定交流或直流　　D. 高压直流

135. PLC的接地线截面积一般大于_____。

A. 1 mm^2　　　　　　B. 1.5 mm^2　　　　　C. 2 mm^2　　　　　　D. 2.5 mm^2

136. 为避免程序和_____丢失，PLC装有锂电池，当锂电池电压降至相应的信号灯亮时，要及时更换电池。

A. 地址　　　　　　　　B. 序号　　　　　　　　C. 指令　　　　　　　D. 数据

137. 电动机正反转梯形图如图1所示，所给指令正确的是_____。

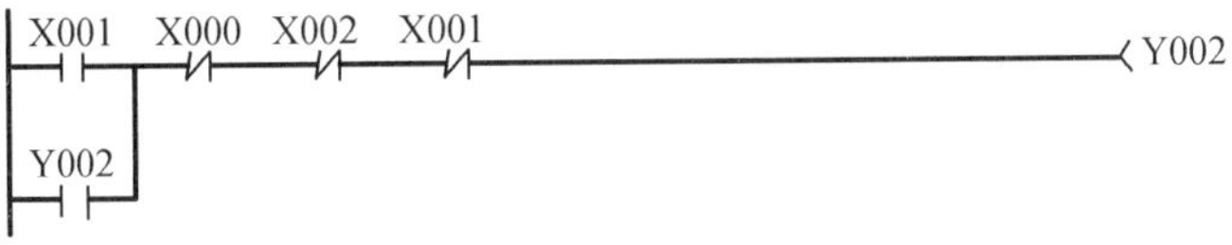

图1

A. ORI Y002　　　　　B. LDI X001　　　　　C. AND X000　　　　　D. ANDI X002

138. 电动机顺序启动梯形图如图2所示，所给指令正确的是_____。

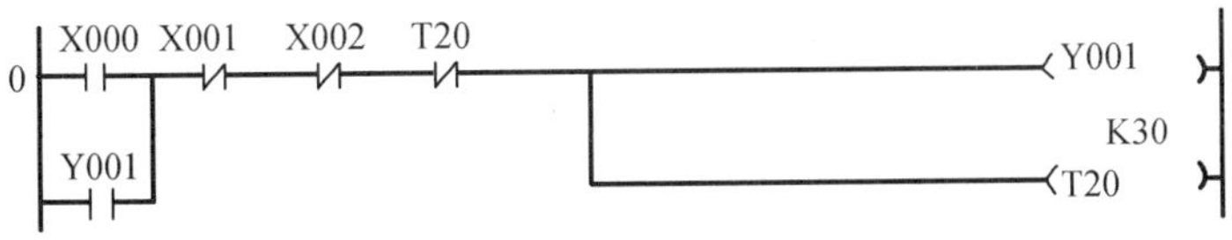

图2

A. LDI X000　　　　　　B. AND T20　　　　　C. AND X001　　　　　D. OUT T20 K30

139. 电动机自动往返梯形图如图3所示，所给指令正确的是_____。

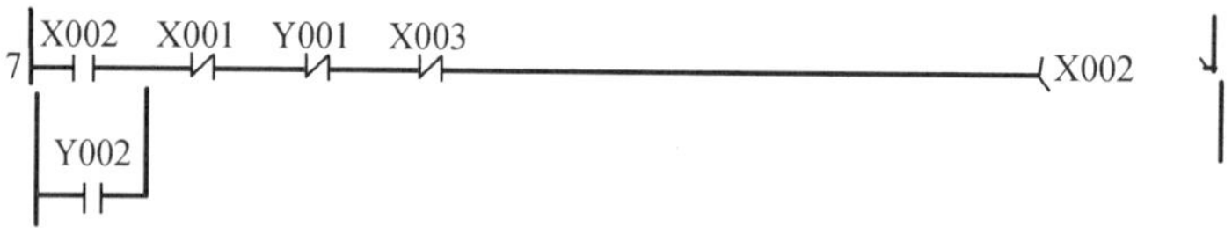

图3

A. LDI X002   B. ORI Y002   C. AND Y001   D. ANDI X003

140. FX 编程器的显示内容包括地址、数据、工作方式、_____和系统工作状态等。

A. 位移储存器   B. 参数   C. 程序   D. 指令执行情况

141. 检查电源_____的波动范围是否在 PLC 系统允许的范围内，否则要加交流稳压器。

A. 电压   B. 电流   C. 效率   D. 频率

142. 变频器是通过改变交流电动机定子电压、频率等参数来_____的装置。

A. 调节电动机转速 B. 消节电动机转矩 C. 调节电动机功率 D. 调节电动机性能

143. 在 SPWM 逆变器中主电路开关器件较多采用_____。

A. IGBT   B. 普通晶闸管   C. GTO   D. MCT

144. FR-A700 系列是三菱_____变频器。

A. 多功能高性能   B. 经济型高性能   C. 水泵和风机专用型 D. 节能型轻负载

145. 变频器输出侧技术数据中_____是用户选择变频器容量时的主要依据。

A. 额定输出电流   B. 额定输出电压   C. 输出频率范围   D. 配用电动机容量

146. 西门子 MM440 变频器可外接开关量，输入端⑤～⑧端作为多段速给定端，可预置_____不同的给定频率值。

A. 13 个   B. 16 个   C. 4 个   D. 8 个

147. 在变频器的几种控制方式中，其动态性能比较的结论是_____。

A. 转差型矢量控制系统优于无速度检测器的矢量控制系统

B. U/f 控制优于转差频率控制

C. 转差频率控制优于矢量控制

D. 无速度检测器的矢量控制系统优于转差型矢量控制系统

148. 在变频器的输出侧切勿安装_____。

A. 移相电容   B. 交流电抗器   C. 噪声滤波器   D. 测试仪表

149. 西门子 MM440 变频器可通过 USS 串行接口来控制其启动、停止（命令信号源）及_____。

A. 频率输出大小   B. 电动机参数   C. 直流制动电流   D. 制动起始频率

150. 将变频器与 PLC 等上位机配合使用时，应注意_____。

A. 使用共同地线，最好接入噪声滤波器，电线各自分开

B. 不使用共同地线，最好接入噪声滤波器，电线汇总一起布置

C. 不使用共同地线，最好接入噪声滤波器，电线各自分开

D. 不使用共同地线，最好不接入噪声滤波器，电线汇总一起布置

151. 交流电动机最佳的启动效果是_____。

A. 启动电流越小越好   B. 启动电流越大越好

C.（可调）恒流启动　　　　　　　　　　　　D.（可调）恒压启动

152.低压软启动器的主电路通常采用_____形式。

A.电阻调压　　　　　B.自耦调压　　　　　C.开关变压器调压　　　D.晶闸管调压

153.用于标准电路正常启动设计的西门子软启动器型号是_____。

A.3RW30　　　　　B.3RW31　　　　　C.3RW22　　　　　D.3RW34

154.变频启动方式比软启动器的启动转矩_____。

A.大　　　　　　　B.小　　　　　　　C.大很多　　　　　D.小很多

155.软启动器的功能调节参数有运行参数、_____、停车参数。

A.电阻参数　　　　B.启动参数　　　　C.电子参数　　　　D.电源参数

156.笼型异步电动机启动时冲击电流大，是因为启动时_____。

A.电动机转子绕组电动势大　　　　　　B.电动机温度低

C.电动机定子绕组频率低　　　　　　　D.电动机的启动转矩大

157.软启动器对搅拌机等静阻力矩较大的负载应采取_____。

A.转矩控制启动方式　　　　　　　　　B.电压斜坡启动方式

C.限流软启动方式　　　　　　　　　　D.加突跳转矩控制启动方式

158.软启动器对_____负载应采取加突跳转矩控制的启动方式。

A.水泵类　　　　　B.风机类　　　　　C.静阻力矩较大的　　　D.静阻力矩较小的

159.接通主电源后，软启动器虽处于待机状态，但电动机有嗡嗡声，原因不可能是_____。

A.晶闸管短路故障　　　　　　　　　　B.旁路接触器有触点粘连

C.触发电路不工作　　　　　　　　　　D.启动线路接线错误

160.软启动器内部发热主要来自晶闸管组件，通常晶闸管散热器的温度要求不高于_____。

A.120 ℃　　　　　B.100 ℃　　　　　C.60 ℃　　　　　D.75 ℃

得分	
评分人	

二、判断题（第161~200题，每题0.5分，共20分）

（　　）161.职业道德是一种强制性的约束机制。

（　　）162.在市场经济条件下，克服利益导向是职业道德社会功能的表现。

（　　）163.市场经济条件下，应该树立多转行多学知识多长本领的择业观念。

（　　）164.不管是工作日还是休息日，都穿工作服是一种受鼓励的良好着装习惯。

（　　）165.线性有源二端口网络可以等效成理想电压源和电阻的串联组合，也可以等效成理想电流源和电阻的并联组合。

（　　）166.稳压二极管的符号与普通二极管的符号是相同的。

（　　）167.晶体管可以把小电流放大成大电流。

（　　）168.放大电路通常工作在小信号状态下，功放电路通常工作在极限状态下。

（　　）169.测量电流时，要根据电流大小选择适当量程的电流表，不能使电流大于电流表的最大量程。

（　　）170.选用绝缘材料时应该从电流大小、磁场强弱、气压高低等方面来进行考虑。

（　　）171.电气设备尤其是高压电气设备一般应有四人值班。

（　　）172.锉刀很脆,可以当撬棒或锤子使用。

（　　）173.劳动者患病或负伤,在规定医疗期内的,用人单位可以解除劳动合同。

（　　）174.示波器的带宽是测量交流信号时示波器所能测试的最大频率。

（　　）175.逻辑门电路的平均延迟时间越长越好。

（　　）176.双向晶闸管是四层半导体结构。

（　　）177.双向晶闸管一般用于交流调压电路。

（　　）178.单结晶体管是一种特殊类型的三极管。

（　　）179.集成运放具有高可靠性、使用方便、放大性能好的特点。

（　　）180.集成运放不仅能应用于普通的运算电路,还能用于其他场合。

（　　）181.差动放大电路的单端输出与双端输出效果是一样的。

（　　）182.单相半波可控整流电路中,控制角 α 越大,输出电压 U 越大。

（　　）183.熔断器类型的选择依据是负载的保护特性、短路电流的大小、使用场合、安装条件和各类熔断器的适用范围。

（　　）184.交流接触器与直流接触器可以互相替换。

（　　）185.中间继电器可在电流 20 A 以下的电路中替代接触器。

（　　）186.通电延时型与断电延时型时间继电器的基本功能一样,可以互换。

（　　）187.直流电动机结构复杂、价格高、维护困难,但是启动、调速性能优良。

（　　）188.直流电动机的转子由电枢铁芯、绕组、换向器和电刷装置等组成。

（　　）189.使直流电动机反转的方法之一是将电枢绕组两头反接。

（　　）190.绕线式异步电动机转子串电阻启动线路中,一般用电位器做启动电阻。

（　　）191.三相异步电动机的位置控制电路中一定有速度继电器。

（　　）192.M7130 型平面磨床的主电路中有 3 个接触器。

（　　）193.M7130 型平面磨床的 3 台电动机都不能启动的原因大多是整流变压器没有输出电压,使电动机的控制电路处于断电状态。

（　　）194.C6150 型车床的主电路中有 3 台电动机。

（　　）195.增量型光电编码器输出的位置数据是相对的。

（　　）196.PLC 是一种专门为在工业环境下应用而设计的进行数字运算操作的电子装置。

（　　）197.PLC 的输入采用光电耦合提高抗干扰能力。

（　　）198.FXs 系列 PLC 采用光电耦合器输入,高电平时输入有效。

（　　）199.FXn 系列 PLC 的存储器包括 ROM 型和 RAM 型。

（　　）200.交一交变频是把工频交流电整流为直流电,然后再把直流电逆变为所需频率的交流电。

参考答案

一、单项选择题

1. D　2. A　3. D　4. A　5. B　6. D　7. B　8. D　9. C　10. A　11. B　12. A　13. B

14. B　15. D　16. A　17. B　18. D　19. A　20. B　21. C　22. B　23. C　24. C　25. D
26. D　27. A　28. A　29. B　30. A　31. C　32. A　33. A　34. B　35. B　36. B　37. B
38. A　39. C　40. D　41. C　42. B　43. D　44. C　45. A　46. C　47. C　48. C　49. C
50. B　51. A　52. C　53. C　54. D　55. A　56. D　57. C　58. D　59. D　60. C　61. C
62. B　63. C　64. D　65. B　66. D　67. A　68. C　69. B　70. B　71. D　72. B　73. A
74. B　75. A　76. B　77. A　78. D　79. A　80. A　81. D　82. B　83. C　84. D　85. D
86. A　87. D　88. B　89. D　90. A　91. D　92. A　93. C　94. A　95. C　96. A　97. D
98. A　99. C　100. A　101. C　102. C　103. C　104. C　105. D　106. B　107. C　108. B
109. B　110. D　111. A　112. D　113. B　114. D　115. C　116. C　117. D　118. B　119. A
120. D　121. C　122. A　123. A　124. C　125. D　126. D　127. A　128. B　129. B　130. C
131. D　132. D　133. A　134. B　135. C　136. D　137. D　138. D　139. D　140. D　141. A
142. A　143. A　144. A　145. A　146. A　147. A　148. A　149. A　150. C　151. C　152. D
153. C　154. A. 155. B　156. A　157. D　158. C　159. C　160. D

二、判断题

161. ×　162. ×　163. ×　164. ×　165. √　166. ×　167. √　168. √　169. √　170. ×
171. ×　172. ×　173. ×　174. √　175. ×　176. ×　177. √　178. ×　179. √　180. √
181. ×　182. ×　183. √　184. ×　185. ×　186. ×　187. √　188. ×　189. √　190. ×
191. ×　192. ×　193. ×　194. ×　195. √　196. √　197. √　198. ×　199. √　200. ×

附　　录

附录 A　电工(中级)考情观察

◇考核思路

根据《维修电工国家职业技能标准》的要求,中级维修电工理论知识考核范围包括:低压电器的选用,继电器、接触器线路的装调,机床电气控制电路的维修;传感器的装调,可编程控制器控制电路的装调,变频器、软启动器的认识和维护;仪器仪表的选用、电子元件的选用、电子线路的装调与维修等。考核深度要求掌握上述各种器件的选用方法,熟悉电子、电气线路的工作原理,了解机床电气控制电路的常见故障与排除方法。同时,中级的考核要求还涵盖初级的内容,包括职业道德、基础知识、低压电路及电子电路的装调与维修。

◇组卷方式

维修电工(中级)理论知识国家题库采用计算机自动生成试卷,即计算机按照本职业中级《理论知识鉴定要素细目表》的结构特征,使用统一的组卷模型,从题库中随机抽取相应试题,组成试卷。有的地方还有地方特色题库,可以按规定比例和国家题库一起组卷。试卷组成后,应经专家审核,更换不适用的试题。

◇试卷结构

维修电工(中级)理论知识考试实行百分制,采用闭卷笔试方式,成绩达到 60 分以上为合格。试卷的结构以《维修电工国家职业技能标准》和《中华人民共和国职业技能鉴定规范》为依据,并充分考虑当前我国社会生产的发展水平和中级维修电工在知识、能力和心理素质等多方面的要求。试题以中等难度为主,约占 70%;难度低的试题约占 20%;难度高的试题约占 10%。

基本结构:理论知识考试满分为 100 分;题型主要有单项选择题和判断题,具体的题型、题量与分配方案见表 A-1;内容包括"职业道德""基础知识"和"基本电子电路装调维修"等多个部分,各部分所占鉴定比重和鉴定点配置情况见表 A-2。

表 A-1　维修电工(中级)理论知识试卷题型、题量与分配方案

题型	题量(分值)	分数
单项选择题	160 题(0.5 分/题)	80 分
判断题	40 题(0.5 分/题)	20 分
总分	100 分(200 题)	

表 A-2　维修电工(中级)理论知识各部分所占鉴定比重及鉴定点配置情况

鉴定范围(一级)	鉴定范围(二级)	鉴定范围(三级)	鉴定比重/%	鉴定点个数
基本要求	职业道德	职业道德基本知识	3	10
		职业守则	2	8
	基础知识	电工基础知识	6	29
		电子技术基础知识	3	9
		常用电工仪器、仪表使用知识	1	5
		常用电工工具、量具使用知识	1	5
		常用材料选型知识	1	6
		安全知识	1	10
		其他相关知识	1	11
		相关法律法规知识	1	5
相关知识	基本电子电路装调维修	仪器、仪表选用	5	12
		电子元件选用	5	12
		电子线路装调维修	10	22
	继电控制电路装调维修	低压电器选用	5	10
		继电器接触器线路装调	10	20
		机床电气控制电路维修	10	21
	自动控制电路装调维修	传感器装调	10	20
		可编程控制器控制电路装调	15	35
		变频器软启动器的认识和维护	10	21
合计			100	271

◇考核时间与要求

(1)考核时间。按照《维修电工国家职业技能标准》的要求,本职业中级理论知识考试时间为 120 min。

(2)考核要求。维修电工(中级)理论知识考试采用标准化试卷,考生应根据试卷要求具体作答。

◇应试技巧及复习方法

考生要想取得理想的成绩,通过认真的学习和复习来掌握考试要求的知识是必要条件,但是掌握适当的应试技巧和复习方法也是必不可少的。下面介绍的应试技巧,如命题视角、答题要求和答题技巧等,考生在复习、考试时应高度重视。

(1)命题视角。在答题时首先要审题,判断该题所属的知识单元,判断题目考核哪一个知识点,回忆知识点,然后做出判断。

(2)答题要求。理论考试采用的是标准化、客观考题,即答案唯一。在回答时要按照试举题型后的答题说明,把正确的答案填写在规定的地方,做到书写工整、清晰,切忌反复涂改,造成无法判断答案正确与否的情形。

（3）答题技巧。答题时应先易后难,对没有复习到的知识点、模棱两可的题目可以暂时放一放。在回答把握不准的题目时,可采取排除法、对比法、访问法等思考方式判断和确定正确的答案。

考生在考前要认真复习,掌握职业技能标准和本书所列出的鉴定范围,掌握鉴定点和考试内容。要注重理解,加强记忆,提高效率,按照命题的视角与答题要求,有针对性地掌握考试内容,安排好全面复习、重点复习和模拟训练三个阶段,进一步掌握好考核内容。

附录 B　电工(中级)职业道德

◇学习目标

1. 掌握职业道德的基本内涵。
2. 熟悉文明礼貌的具体要求。
3. 了解创新的道德要求。
4. 掌握遵纪守法的规定。
5. 熟悉爱岗敬业的具体要求。
6. 了解安全操作规程的重要性。
7. 熟悉爱护设备和工具的基本要求。
8. 掌握文明生产的具体要求。

◇考核要点

考核类别	考核范围	考核点	重要程度
职业道德	职业道德基础知识	职业道德的基本内涵	★★★
		市场经济条件下职业道德的功能	★★★
		企业文化的功能	★★★
		职业道德对增强企业凝聚力、竞争力的作用	★★★
		职业道德是人生事业成功的保证	★★
		文明礼貌的具体要求	★★★
		对诚实守信基本内涵的理解	★★★
		办事公道的具体要求	★★★
		勤劳节俭的现代意义	★★★
		创新的道德要求	★★★
	职业守则	遵纪守法的规定	★★★
		爱岗敬业的具体要求	★★★
		严格执行安全操作规程的重要性	★★★
		工作认真负责的具体要求	★★★
		团结合作的基本要求	★★★
		爱护设备和工具的基本要求	★★★
		着装整洁的要求	★★
		文明生产的具体要求	★★★

一、职业道德基本知识

1.职业道德的基本内涵

职业道德是指从事一定职业劳动的人们在长期的职业活动中形成的行为规范。职业道德是一种非强制性的约束机制。

2.市场经济条件下职业道德的功能

在市场经济条件下，促进员工行为的规范化是职业道德社会功能的重要表现。职业道德最终将对企业起到提高竞争力的作用。

3.企业文化的功能

企业文化对企业具有整合、激励、导向和自律功能。

4.职业道德对增强企业凝聚力、竞争力的作用

职业道德通过协调员工之间的关系，对企业起到增强凝聚力、竞争力的作用。

5.职业道德是人生事业成功的保证

职业道德是人生事业成功的重要条件，事业成功的人往往具有较高的职业道德。

6.文明礼貌的具体要求

从业人员在职业活动中，要求做到仪表端庄、语言规范、举止得体、待人热情。

7.对诚实守信基本内涵的理解

诚实守信是维持市场经济秩序的基本法则。职工对企业诚实守信应该做到维护企业信誉，树立质量意识和服务意识。在市场经济条件下，通过诚实合法劳动实现利益最大化，不违反职业道德规范中关于诚实守信的要求。

8.办事公道的具体要求

办事公道是指从业人员在进行职业活动时要做到追求真理，公平公正，坚持原则，不计个人得失。

9.勤劳节俭的现代意义

勤劳节俭是促进经济和社会发展的重要手段，勤劳节俭符合可持续发展的要求，勤劳节俭有利于企业增产增效。

10.创新的道德要求

创新是企业进步的灵魂，创新是企业发展的动力。企业创新要求员工努力做到大胆地试、大胆地闯，敢于提出新问题。

二、职业守则

1.遵纪守法的规定

职业纪律是企业的行为规范，具有明确的规定性。职业纪律是从事这一职业的员工应该共同遵守的行为准则，如果员工违反职业纪律，企业将视情节轻重，做出恰当处分。

2.爱岗敬业的具体要求

爱岗敬业作为职业道德的重要内容，是指员工要树立职业理想，强化职业责任，干一行爱一行，提高职业技能，遵守企业的规章制度。

3.严格执行安全操作规程的重要性

职业活动中，每位员工都必须严格执行安全操作规程。不同行业安全操作规程的具体

内容是不同的。电工安全操作规程包含:定期检查绝缘;禁止带电工作;电气设备的各种高低压开关调试时,悬挂标志牌,防止误合间。

4.工作认真负责的具体要求

工作认真负责是衡量员工职业道德水平的一个重要方面。作为一名工作认真负责的员工,应该是工作不分大小,都要认真去做,并不是领导说什么就做什么。上班前做好充分准备,工作中集中注意力,下班前做好安全检查。

5.团结合作的基本要求

企业活动中,员工之间要团结合作。在日常工作中,对待不同对象,态度应真诚热情,一视同仁,互相借鉴,取长补短,男女平等,友爱亲善,加强交流,平等对话。

6.爱护设备和工具的基本要求

养成爱护企业设备的习惯,是体现职业道德和职业素质的一个重要方面。制止损坏企业设备的行为,是每一位领导和员工的责任与义务。企业员工对配备的工具要经常清点,放置在规定的地点。电工的工具种类很多,要分类保管好。

7.着装整洁的要求

企业员工在生产经营活动中,只要着装整洁就行,不一定要穿名贵服装。上班时要按规定穿整洁的工作服,不应穿奇装异服上班。

8.文明生产的具体要求

文明生产是保证人身安全和设备安全的一个重要方面。符合文明生产要求的做法是爱惜企业的设备、工具和材料,下班前搞好工作现场的环境卫生,工具使用后应按规定放置到工具箱中。

附录 C 电工（中级）基础知识

学习目标

（1）掌握电工基础知识。

（2）熟悉电子技术基础知识。

（3）熟悉常用电工仪器、仪表使用知识。

（4）了解常用电工工具、量具使用知识。

（5）了解常用材料选型知识。

（6）掌握电气安全知识。

（7）了解其他相关知识。

（8）熟悉相关法律法规知识。

考核要点

见表 C-1。

表 C-1 考核要点

考核类别	考核范围	考核点	重要程度
基础知识	电工基础知识	电路的组成	★★★
		电阻定律	★★★
		欧姆定律	★★★
		电压与电位的区别	★★
		电路的连接	★★★
		电功与电功率	★★★
		基尔霍夫定律	★★★
		直流电路的计算	★★
		电容器的基本知识	★★★
		磁场的基本物理量	★★★
		磁路的概念	★★★
		铁磁材料的特性	★★★
		电磁感应	★★★
		正弦交流电的基本概念	★★★
		单相正弦交流电路	★★★
		功率因数的概念	★★★
		三相交流电的基本概念	★★★
		三相负载的连接	★★★
		变压器的结构、工作原理和用途	★★★
		三相异步电动机的特点、结构和工作原理	★★★
		常用低压电器的符号和作用	★★★

表 C-1（续 1）

考核类别	考核范围	考核点	重要程度
基础知识	电工基础知识	电动机启停控制线路	★★
		电气图的分类	★★★
		读图的基本步骤	★★
	电子技术基础知识	二极管的结构和工作原理	★★★
		二极管的符号	★★★
		三极管的结构和工作原理	★★★
		三极管的符号	★★★
		单管基本放大电路	★★★
		放大电路中的负反馈	★★★
		单相整流稳压电路	★★★
	常用电工仪器仪表使用知识	电工仪表的分类	★★
		电流表的使用要求	★★★
		电压表的使用要求	★★★
		万用表的使用要求	★★★
		兆欧表的使用要求	★★★
	常用电工工具量具使用知识	螺丝刀的使用要求	★★★
		钢丝钳的使用要求	★★★
		扳手的使用要求	★★★
		喷灯的使用要求	★★
		千分尺的使用要求	★★
	常用材料选型知识	导线的分类和选用	★★★
		常用绝缘材料的分类和选用	★★★
		常用磁性材料的分类和选用	★★
	安全知识	电工安全基本知识	★★★
		触电的概念	★★★
		常见的触电形式	★★★
		触电的急救措施	★★★
		电气安全基本规定	★★★
		电气消防基本知识	★★★
		电气安全装置	★★★
		防雷常识	★★★
		安全用具	★★★
		电气作业操作规程	★★★

表 C-1（续 2）

考核类别	考核范围	考核点	重要程度
基础知识	其他相关知识	锉削方法	★★★
		钻孔知识	★★★
		螺纹加工要求	★★
		供电常识	★★
		用电常识	★★★
		现场文明生产的要求	★★★
		环境污染的概念	★★
		电磁污染源的分类	★★★
		噪声的危害	★
		质量管理的内容	★★★
		岗位的质量要求	★★★
	相关法律法规知识	劳动者的权利和义务	★★★
		劳动合同的解除	★★★
		劳动安全卫生管理制度	★★
		电力法知识	★★★

◇考点导航

一、电工基础知识

1. 电路的组成

一般电路由电源、负载和中间环节三个基本部分组成。电路的作用是实现能量的传输和转换、信号的传递和处理。

2. 电阻定律

金属材料的电阻率随温度升高而增大，非金属材料的电阻率随温度升高而下降。温度一定时，金属导线的电阻与长度成正比、与截面积成反比，与材料电阻率有关。

3. 欧姆定律

流过电阻的电流与电阻两端所加电压成正比、与电阻值成反比。欧姆定律不适用于分析计算复杂电路。

4. 电压与电位的区别

电位是相对量，随参考点的改变而改变；电压是绝对量，不随参考点的改变而改变。

5. 电路的连接

电路最基本的连接方式为串联和并联。串联电阻的分压作用是阻值越大电压越高，并联电路中加在每个电阻两端的电压都相等。

6. 电功与电功率

电功率是电场力单位时间所做的功。电功率的常用单位有瓦、千瓦、毫瓦。电功的常用单位是焦耳，实际常用单位是千瓦·时。

7. 基尔霍夫定律

基尔霍夫定律包括节点电流定律、同路电压定律。基尔霍夫定律的回路电压定律是绕回路一周电路元件电压变化为零。基尔霍夫定律的节点电流定律是流入该节点的电流等于流出该节点的电流。基尔霍夫定律既适合线性电路，又适合非线性电路。

8. 直流电路的计算

线性有源二端口网络可以等效成理想电压源和电阻的串联组合，也可以等效成理想电流源和电阻的并联组合，结合基尔霍夫定律可以列出方程组，计算出每条支路的电流和任意两点之间的电压。

9. 电容器的基本知识

电容器通交流隔直流。使用电解电容时，正极接高电位，负极接低电位。电容器上标注的符号"224"表示其容量为 $22×10^4$ pF。

10. 磁场的基本物理量

描述磁场中各点磁场强弱和方向的物理量是磁感应强度 B，单位是 T；磁感应强度 B 与磁场强度 H 的关系为 $B=\mu H$；磁导率 μ 表示材料导磁能力的大小。

11. 磁路的概念

磁力线通过的路径称为磁路。在磁体内部，磁力线由 S 极指向 N 极。用右手握住通电导体，让拇指指向电流方向，则弯曲四指的指向就是磁场方向。

12. 铁磁材料的特性

电机、电器的铁芯通常都是用软磁性材料制作。铁磁材料具有高导磁性、磁滞性和磁饱和性。

13. 电磁感应

变化的磁场能够在导体中产生感应电动势，这种现象叫作电磁感应。感应电流产生的磁通总是阻碍原磁通的变化。通电直导体在磁场中的受力方向，可以通过左手定则来判断。

14. 正弦交流电的基本概念

正弦交流电的三要素是指其最大值、角频率和初相角。正弦交流电常用的表达方法有解析式表示法、波形图表示法和相量表示法。

15. 单相正弦交流电路

单相正弦交流电路可分为纯电阻、纯电感和纯电容三种典型的负载运行分析，也可能是一种或若干种典型负载的组合。纯电阻电路中电流与电压同相位，纯电感电路中电流滞后电压 90°，纯电容电路中电流超前电压 90°。纯电阻电路中的功率是有功功率。纯电感和纯电容电路中的功率是无功功率。电压与对应电流的乘积称为视在功率，正弦交流电路的视在功率等于有功功率与无功功率的矢量之和。

16. 功率因数的概念

一个电路中有功功率与视在功率的比值称为功率因数。在正弦交流电路中，电路的功率因数取决于电路各元件参数及电源频率，在感性负载两端并联合适的电容器，可以减小电源供给负载的无功功率。

17. 三相交流电的基本概念

振幅和频率相同，初相角互差 120° 的三个交流电压，称为对称三相交流电压。三相电动势到达最大的先后次序，称为三相电源的相序。三相对称电源的三个相电压的和恒等于零。

18. 三相负载的连接

三相负载采用 Y 接法时,无论负载对称与否,线电流总等于相电流。三相对称或者有中线时,线电压是相电压的 $\sqrt{3}$ 倍。三相负载采用 △ 接法时,线电压总等于相电压。三相对称时,线电流是相电流的 $\sqrt{3}$ 倍。

19. 变压器的结构、工作原理和用途

变压器的器身主要由铁芯和绕组两部分组成。变压器的绕组可以分为同心式和交叠式两大类。变压器的铁芯可以分为壳式和芯式两大类。

变压器是根据电磁感应原理而工作的,它只能改变交流电压,不能改变直流电压。将变压器的一次侧绕组接交流电源,二次侧绕组与负载连接,这种运行方式称为负载运行。

变压器可以用来改变交流电压、电流、阻抗、相位,以及用于电气隔离。

20. 三相异步电动机的特点、结构和工作原理

三相异步电动机具有结构简单、价格低廉、工作可靠等优点,但调速性能较差。三相异步电动机的定子由机座、定子铁芯、定子绕组、端盖、接线盒等组成。转子由转子铁芯、转子绕组、风扇、转轴等组成。

三相异步电动机的定子绕组中通入三相对称交流电后产生旋转磁场,其转子的转速不等于旋转磁场的转速。三相异步电动机工作时,其电磁转矩是由旋转磁场与转子电流共同作用产生的。

21. 常用低压电器的符号和作用

低压电器的符号由图形符号和文字符号两部分组成,刀开关、热继电器、熔断器、接触器、按钮、行程开关的文字符号分别是 QS、KH、FU、KM、SB、SQ。低压断路器具有短路和过载保护作用;刀开关的作用是接通和断开电压或小电流;热继电器的作用是过载保护;熔断器的作用是短路保护;交流接触器的作用是可以频繁地接通和断开负载;按钮的作用是发出控制命令;行程开关的作用是位置控制。

22. 电动机启停控制线路

三相异步电动机的启停控制线路由电源开关、熔断器、交流接触器、热继电器、按钮等组成。三相异步电动机的启停控制线路需要具有短路保护、过载保护和失电压保护功能。

23. 电气图的分类

维修电工以电气原理图、安装接线图和平面布置图最为重要。

24. 读图的基本步骤

读图的基本步骤是先看图样说明,再看电路图,最后看安装接线图。

二、电子技术基础知识

1. 二极管的结构和工作原理

P 型半导体是在本征半导体中加入微量的三价元素构成的。N 型半导体是在本征半导体中加入微量的五价元素构成的。二极管由一个 PN 结、两个引脚封装组成。二极管按结面积可分为点接触型和面接触型。

当二极管外加的正向电压超过死区电压时,电流随电压增加而迅速增加,当二极管外加反向电压时,电流很小,且不随反向电压变化。二极管两端加上正向电压不一定会导通。稳压二极管的正常工作状态是反向击穿状态。

2. 二极管的符号

二极管的图形符号表示正偏导通时的方向。稳压二极管的符号与普通二极管的符号

是不同的。注意稳压二极管、发光二极管、光敏二极管、变容二极管的符号。

3. 三极管的结构和工作原理

三极管是由三层半导体材料组成的,有两个 PN 结、三个引脚、三个区域,中间的一层为基区,另外两层为集电区和发射区,三个引脚分别是集电极、基极和发射极。

三极管发射结正偏,集电结反偏时具有电流放大能力;三极管处于截止状态时,发射结反偏,集电结反偏。三极管超过集电极最大允许耗散功率时必定损坏。

4. 三极管的符号

三极管符号中的箭头表示发射结导通时的电流方向。大功率、小功率、高频、低频三极管的图形符号是一样的。

5. 单管基本放大电路

放大电路通常工作在小信号状态下,功放电路通常工作在极限状态下。分压式偏置共发射极放大电路是一种能够稳定静态工作点的放大器。射极输出器的输出电阻小,带负载能力强。

6. 放大电路中的负反馈

放大电路中的负反馈有电压串联负反馈、电压并联负反馈、电流串联负反馈、电流并联负反馈。射极输出器是典型的电压串联负反馈放大电路。负反馈能改善放大电路的性能指标,但会影响放大倍数。

7. 单相整流稳压电路

单相整流是将交流电变为直流电,稳压是在电网电压波动及负载变化时保证负载上电压稳定。常用的稳压电路有稳压管并联型稳压电路、串联型稳压电路、开关型稳压电路等。

三、常用电工仪器仪表使用知识

1. 电工仪表的分类

常用于测量各种电量和磁量的仪器仪表称为电工仪表。电工仪表按工作原理可分为磁电系、电磁系、电动系等,根据仪表测量的对象可分为电压表、电流表、功率表、电度表等,根据仪表取得读数的方法可分为指针式、数字式、记录式等。

2. 电流表的使用要求

测量电流时,要根据电流大小选择适当量程的电流表,不能使被测电流超出电流表的最大量程。测量直流电流应选用磁电系电流表,测量交流电流应选用电磁系电流表。测量直流电流时应注意电流表的量程与极性。

3. 电压表的使用要求

测量电压时,要根据电压大小选择适当量程的电压表,不能使被测电压超出电压表的最大量程。测量交流电压时应选用电磁系或电动系电压表。测量电压时应将电压表并联接入电路。

4. 万用表的使用要求

万用表主要由指示部分、测量电路、转换装置三部分组成。一般万用表可以测量直流电压、交流电压、直流电流、电阻等物理量。使用万用表时,把电池装入电池夹内,把两根测试表棒分别插入插座中,红色的插入"＋"插孔,黑色的插入"＊"插孔。用万用表测电阻时,每个电阻挡都要调零,如调零不能调到欧姆零位,说明电源电压不足,应更换电池。

5. 兆欧表的使用要求

兆欧表俗称"摇表",是用于测量各种电气设备绝缘电阻的仪表。兆欧表的接线端标有接地 E、线路 L、屏蔽 G 等字样。测量额定电压在 500 V 以下的设备或线路的绝缘电阻时，选用电压等级为 500 V 或 1 000 V 的兆欧表。使用兆欧表时，应将其放在水平位置上，未接线前先转动兆欧表做开路实验，看指针是否指向"∞"处，再把 L 和 E 短接；轻摇发电机，看指针是否指向"0"，若开路指向"∞"，短路指向"0"，说明兆欧表是好的。测量时，摇动手柄的速度由慢逐渐加快，并保持 120 r/min 左右的转速约 1 min，这时读数较为准确。兆欧表测完后应立即将被测物放电。

四、常用电工工具量具使用知识

1. 螺丝刀的使用要求

螺丝刀是维修电工最常用的工具之一。使用螺丝刀时要一边压紧，一边旋转。拧螺钉时应先确认螺丝刀插入槽口，旋转时用力不能过猛。用螺丝刀拧紧可能带电的螺钉时，手指不能接触螺丝刀的金属部分。

2. 钢丝钳的使用要求

钢丝钳（电工钳子）可以用来剪切细导线。使用钢丝钳（电工钳子）固定导线时应将导线放在钳口的中部。套在钢丝钳（电工钳子）把手上的橡胶或塑料皮的作用是绝缘。钢丝钳（电工钳子）一般用在不带电操作的场合。

3. 扳手的使用要求

扳手的主要功能是拧螺栓和螺母。使用扳手拧螺母时应该将螺母放在扳手口的后部。活动扳手可以拧若干种规格的螺母。扳手的手柄越长，使用起来越省力。

4. 喷灯的使用要求

喷灯是一种利用火焰喷射对工件进行加工的工具，常用于锡焊。喷灯打气加压时，要检查并确认进油阀可靠关闭。喷灯点火时，前方严禁站人。喷灯的加油、放油和维修应在熄火后进行。

5. 千分尺的使用要求

千分尺是一种精度较高的精确量具，不能用其测量粗糙的表面。测量前需要将千分尺测量面擦拭干净后检查零位是否正确。千分尺一般用于测量小器件的尺寸。

五、常用材料选型知识

1. 导线的分类和选用

导线可分为裸导线和绝缘导线两大类。常用的裸导线有铜绞线、铝绞线和钢芯铝绞线。绝缘导线是有绝缘包皮的导线。裸导线一般用于室外架空线。绝缘导线多用于室内布线和房屋附近的室外布线。导线截面的选择通常是由发热条件、机械强度、电流密度、电压损失和安全载流量等因素决定的。

2. 常用绝缘材料的分类和选用

常用绝缘材料包括气体绝缘材料、液体绝缘材料和固体绝缘材料。选用绝缘材料时应该从电气性能、机械性能、热性能、化学性能、工艺性能及经济性等方面进行考虑。绝缘材料的耐热等级和允许最高温度中，等级代号是 1，耐热等级为 A，允许的最高温度是 105 ℃。

3. 常用磁性材料的分类和选用

磁性材料主要分为硬磁材料（也称永磁材料）和软磁材料两大类，永磁材料主要分为金属永磁材料、铁氧体永磁材料和其他永磁材料，软磁材料主要分为铁氧体软磁材料、金属软磁材料和其他软磁材料。

变压器、异步电动机、电磁铁的铁芯应该选用软磁材料,玩具直流电机中的磁极应该选用硬磁材料。

六、安全知识

1. 电工安全基本知识

电击伤害是造成触电死亡的主要原因,是最严重的触电事故。感知电流是人体能感觉有电的最小电流。10 mA 的工频电流通过人体时,人体尚可摆脱,称为摆脱电流。50 mA 的工频电流通过人体时,人体就会有生命危险。当流过人体的电流达到 100 mA 时,就足以致人死亡。

2. 触电的概念

触电是指电流流过人体时对人体产生生理和病理伤害。电流对人体的伤害可分为电击和电伤。电击是指电流通过人体内部,破坏人的内部组织。电伤是指电流的热效应、化学效应和机械效应等。常见的电伤包括电弧烧伤、电烙印、皮肤金属化等。

3. 常见的触电形式

人体触电的方式多种多样,归纳起来可以分为直接接触触电和间接接触触电两种。直接接触触电包括单相触电、两相触电、电弧伤害。人体直接接触带电设备及线路的一相时,电流通过人体而发生的触电现象称为单相触电。跨步电压触电时,触电者的症状是脚发麻、抽筋并伴有跌倒在地的现象。

4. 触电的急救措施

触电急救的要点是动作迅速,救护得法。发现有人触电,首先使其尽快脱离电源。如果触电者伤势较重,已失去知觉,但心跳和呼吸还存在,应使触电者舒适、安静地平躺,周围不围人,使空气流通,解开触电者的领口以利呼吸,并速请医生前来或将触电者送往医院。如果触电者伤势严重,呼吸停止,应立即进行人工呼吸,其频率约为 12 次/分。如果触电者伤势严重,心跳停止,应立即采用胸外心脏按压法进行急救,其频率约为 80 次/分。

5. 电气安全基本规定

为了防止发生触电事故、设备短路、接地故障,带电体之间、带电体与地面之间、带电体与其他设施之间、工作人员与带电体之间必须保持的最小空气间隙,称为安全距离。在有爆炸危险的场所,如有良好的通风装置,能降低爆炸性混合物的浓度,场所危险等级可以降低。机床照明、移动行灯等设备,使用的安全电压为 36 V。凡因工作地点狭窄、工作人员活动困难,周围有大面积接地导体或金属构架,而存在高度触电危险的环境以及特别的场所,安全电压为 12 V。危险环境下使用的手持电动工具的安全电压为 36 V。

6. 电气消防基本知识

电气火灾的特点是着火后电气设备和线路可能是带电的,如不注意,即可能引起触电事故。电气开关及正常运行时产生火花的电气设备,应远离存放可燃物质的地点。电器着火时能用的灭火方法是四氯化碳灭火、二氧化碳灭火、沙土灭火等。使用不导电的灭火器材,带电体电压为 10 kV 时,机体喷嘴距带电体的距离要大于 0.4 m。

7. 电气安全装置

防爆标志是一种简单表示防爆电气设备性能的方法,通过防爆标志可以确认电气设备的类别、防爆形式以及级别。当生产要求必须使用电热器时,应将其安装在非燃烧材料的底板上。本安防爆型电路及其外部配线用的电缆或绝缘导线的耐压强度应为电路额定电压的 2 倍,最低为 500 V。非本安防爆型电路及其外部配线用的电缆或绝缘导线的耐压强度最低为 1 500 V。

8. 防雷常识

雷击是一种自然灾害,具有很大的破坏性。雷击的主要对象是建筑物。雷电的危害主要包括电性质的破坏作用、热性质的破坏作用、机械性质的破坏作用。防雷装置包括接闪器、引下线、接地装置。

9. 安全用具

用以防止触电的安全用具应定期做耐压试验,有些高压辅助安全用具要做泄漏电流试验。登高作业安全用具应定期做静拉力试验,起重工具应做静荷重试验。属于基本安全用具的有绝缘棒、绝缘夹钳、验电笔等。属于辅助安全用具的有绝缘鞋、绝缘垫、绝缘手套等。绝缘手套需要每半年做一次耐压试验,绝缘棒需要每年做一次耐压试验。

10. 电气作业操作规程

电气设备尤其是高压电气设备一般应有三人值班。电气设备的巡视一般由两人进行。发生故障时,高压设备室内不得接近故障点 4 m 以内,高压设备室外不得接近故障点 8 m 以内。变配电设备线路检修的安全技术措施为停电,验电,装设接地线,悬挂标示牌和装设遮栏。

七、其他相关知识

1. 锉削方法

当锉刀拉回时,应稍微抬起,以免磨钝锉齿或划伤工件表面。推锉适用于狭长平面以及加工余量不大时的锉削。

2. 钻孔知识

用手电钻钻孔时,要穿绝缘鞋。台钻是一种小型钻床,用来钻直径为 12 mm 及以下的孔。台钻钻夹头的松紧必须用专用钥匙操作,不准用锤子或其他物品敲打。

3. 螺纹加工要求

在开始攻螺纹或套螺纹时,要尽量把丝锥或板牙放正,当切入 1~2 圈时,再仔细观察和校正对工件的垂直度。普通螺纹的牙型角是 60°,英制螺纹的牙型角是 55°。

4. 供电常识

工厂供电要切实保障工厂生产和生活用电的需要,做到安全、可靠、优质、经济,家用电力设备的电源应采用单相三线 50 Hz、220 V 交流电。一般中型工厂的电源进线电压是 10 kV。

5. 用电常识

落地扇、手电钻等移动式用电设备一定要安装使用漏电保护开关。单相三线(孔)插座的左端为 N 极,接零线;右端为 L 极,接相(火)线;上端有接地符号的应该接地线,不得互换。千万不要用铜丝、铝丝、铁丝代替保险丝。用电设备的金属外壳必须与保护线可靠连接。电缆或电线的驳口或破损处要用电工胶布包好,不能用透明胶布代替。

6. 现场文明生产要求

文明生产是指生产的科学性,要创造一个保证质量的内部条件和外部条件。文明生产的内部条件主要指生产有节奏、均衡生产、物流安排科学合理。文明生产的外部条件主要指环境、光线等有助于保证质量。文明生产要求零件、半成品、工夹量具放置整齐,设备仪器保持良好状态。

7. 环境污染的概念

环境污染的形式主要有大气污染、水污染、噪声污染等。与环境污染相关且并称的概念是公害,与环境污染相近的概念是生态破坏。属于生态破坏的污染形式有森林破坏、水土流失、水源枯竭等,属于公害的污染形式有地面沉降、恶臭、振动等。

8. 电磁污染源的分类

影响人类生活环境的电磁污染源可分为自然的和人为的两大类。属于人为的电磁污染有脉冲放电、电磁场、射频电磁污染等,属于自然的电磁污染有火山爆发、地震、雷电等。

9. 噪声的危害

噪声可分为气体动力噪声、机械噪声和电磁噪声。长时间与强噪声接触,人会感到烦躁不安,甚至丧失理智。

10. 质量管理的内容

质量管理是企业经营管理的一个重要内容,是关系到企业生存和发展的重要问题。对于每个职工来说,质量管理的主要内容有岗位的质量要求、质量目标、质量保证措施和质量责任等。

11. 岗位的质量要求

岗位的质量要求通常包括操作程序、工作内容、工艺规程及参数控制等。

八、相关法律法规知识

1. 劳动者的权利和义务

劳动者的基本权利包括获得劳动报酬、享有社会保险和福利、提请劳动争议处理、接受职业技能培训等。劳动者的基本义务中包括遵守职业道德、完成劳动任务、提高职业技能水平、执行劳动安全卫生规程、遵守劳动纪律等。

2. 劳动合同的解除

劳动者患病或负伤,在规定的医疗期内的,用人单位不得解除劳动合同。劳动者解除劳动合同,应当提前 30 日以书面形式通知用人单位。根据劳动法的有关规定,在试用期内的,用人单位以暴力、威胁或者非法限制人身自由等手段强迫劳动的,用人单位未按照劳动合同约定支付劳动报酬或者提供劳动条件的,劳动者可以随时通知用人单位解除劳动合同。

3. 劳动安全卫生管理制度

劳动安全是指在生产劳动过程中,防止中毒、车祸、触电、塌陷、爆炸、火灾、坠落、机械外伤等危及劳动者人身安全的事故发生。劳动安全卫生管理制度对未成年工给予了特殊的劳动保护,这其中的未成年工是指年满 16 周岁未满 18 周岁的人。劳动安全卫生管理制度规定严禁一切企业招收未满 16 周岁的童工。

4. 电力法知识

制定电力法的目的是保障和促进电力事业的发展,维护电力投资者、经营者和使用者的合法权益,保障电力安全运行。《中华人民共和国电力法》规定电力事业投资,实行谁投资、谁收益的原则。盗窃电能的,由电力管理部门责令停止违法行为,追缴电费并处应交电费 5 倍以下的罚款。

附录 D　常用排故设备

一、Z3040B 型摇臂钻床排故设备

故障设置表(1)见表 D-1。Z3040B 型摇臂铅床电气原理图如图 D-1 所示,电气故障图如图 D-2 所示。

表 D-1　故障设置表(1)

故障开关	故障现象	备注
K1	机床不能启动	电源能接通,冷却泵能启动,其他控制失灵
K2	机床不能启动	电源能接通,冷却泵能启动,其他控制失灵
K3	机床不能启动	电源能接通,冷却泵能启动,其他控制失灵
K4	主轴电机不能启动	其他操作正常
K5	主轴电机不能启动	其他操作正常
K6	摇臂不能上升	SA1 打到上升状态时,KM4 不能吸合
K7	摇臂不能上升	SA1 打到上升状态时,KM4 不能吸合
K8	摇臂不能下降	SA1 打到下降状态时,KM5 不能吸合
K9	摇臂不能下降	SA1 打到下降状态时,KM5 不能吸合
K10	摇臂不能下降	SA1 打到下降状态时,KM5 不能吸合
K11	立柱、主轴箱不能夹紧	立柱、主轴箱松开后,按下 SB1 无任何反应
K12	立柱不能夹紧	立柱、主轴箱松开后,按下 SB1 无任何反应
K13	立柱不能夹紧	立柱、主轴箱松开后,按下 SB1 无任何反应
K14	按下 SB2 无反应	上电之后 KM3、KA 一直处于吸合状态
K15	立柱不能松开	按下 SB2 无任何反应
K16	立柱不能松开	按下 SB2 无任何反应
K17	主轴箱不能松开	按下 SB2,KA 吸合,KM3 吸合,立柱松紧电机反转,中间继电器 KA、电磁阀 YV 吸合,主轴箱松开,松开按钮,KA、YV 释放,主轴箱夹紧
K18	主轴箱不能松开	按下立柱放松按钮,KM3 吸合,立柱松紧电机反转,中间继电器 KA、电磁阀 YV 不能吸合,主轴箱不能松开
K19	主轴箱不能松开	按下 SB2,KM3 可以吸合,中间继电器 KA、电磁阀 YV 不能吸合,主轴箱不能松开
K20	电磁阀 YV 不能吸合	按下 SB2,KM3 可以吸合,电磁阀 YV 不能吸合,其余现象正常
K21	电磁阀 YV 不能吸合	按下 SB2,KM3 可以吸合,中间继电器 KA 吸合,但电磁阀 YV 不能吸合,其余现象正常
K22	机床不能启动	无任何现象
K23	机床不能启动	按下 SB2,KM 不能吸合
K24	KM6 不能吸合	SA6 打到开的位置,KM6 不能吸合
K25	照明灯不亮	其他操作正常

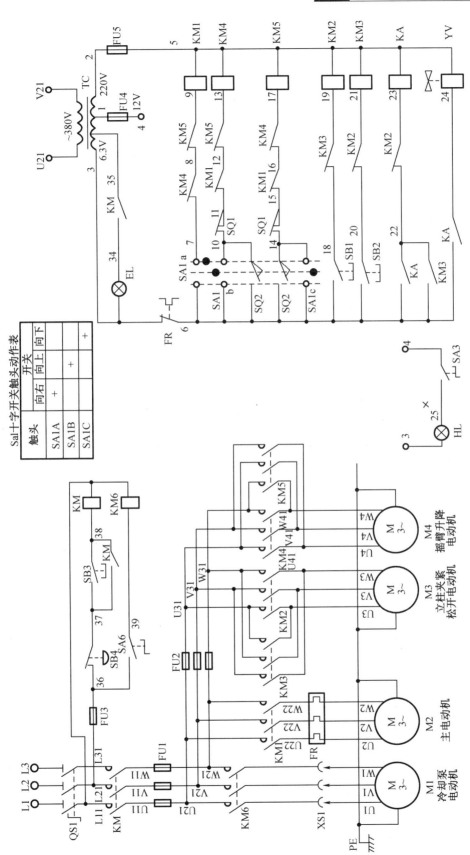

图 D－1　Z3040B 型摇臂钻床电气原理图

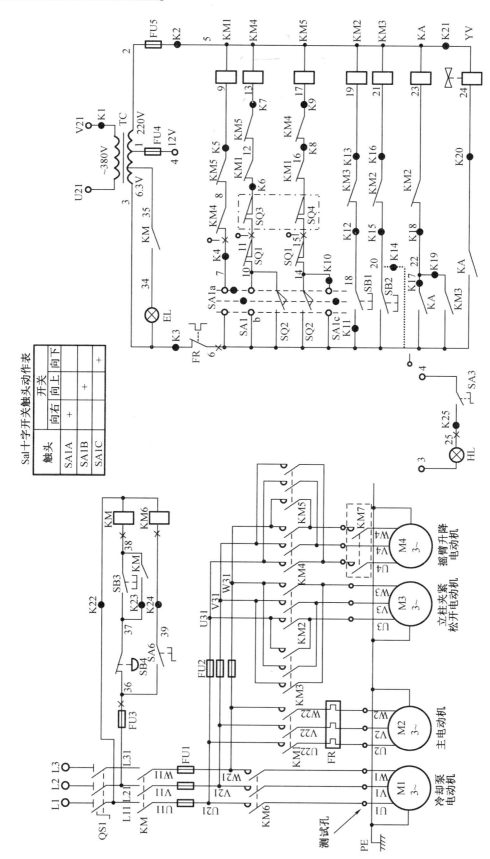

图 D－2　Z3040B 型摇臂钻床电气故障图

二、M7120 型半实物平面磨床排故设备

故障设置表(2)见表 D-2。M7120 型半实物平面磨床电气原理图如图 D-3 所示,电气故障图如图 D-4 所示。

表 D-2　故障设置表(2)

故障开关	故障现象	备注
K1	机床无法启动	V12 断开,控制回路无电源
K2	液压泵电动机无法启动	SB1 到 1 号线连线开路
K3	液压泵电动机无法启动	KM1 线圈到 2 号线连线开路
K4	液压泵电动机无法启动	FR1 到 4 号线连线开路
K5	液压泵电动机和砂轮电动机都有无法启动	KUD 触头 KUD(4-W12)到 4 号线连线开路
K6	砂轮电动机无法启动	SB3 到 5 号线连线开路
K7	砂轮电动机无法启动	SB4 到 6 号线连线开路
K8	砂轮电动机控制无自锁	KM2 自锁触头到 6 号线连线开路
K9	砂轮电动机无法启动	KM2 线圈到 6 号线连线开路
K10	砂轮电动机无法启动	FR2,FR3 之间连线 8 号线连线开路
K11	砂轮架无法上升	SB5、KM4 常闭触头之间连线 9 号线开路
K12	砂轮架无法上升	KM3 线圈到 10 号线连线开路
K13	砂轮架无法下降	SB6、KM3 常闭触头之间连线 11 号线开路
K14	砂轮架无法下降	KM4 线圈、KM3 常闭触头之间连线 12 号线开路
K15	电磁吸盘不能工作	SB7 到 13 号线连线开路,KM5、KM6 不能吸合
K16	电磁吸盘控制不能自锁	KM5 自锁触头到 14 号线连线开路
K17	电磁吸盘不能进行充磁	KM6 常闭触头到 14 号线连线开路,KM5 不能吸合
K18	电磁吸盘不能进行充磁	KM5 线圈到 15 号线连线开路,KM5 不能吸合
K19	电磁吸盘不能退磁	SB9、KM5 常闭触头之间连线开路,KM6 不能吸合
K20	电磁吸盘不能退磁	KM6 线圈到 17 号线连线开路,KM6 不能吸合
K21	电磁吸盘不工作	整流电路到 0 号线连线开路
K22	电盘吸盘不工作	整流电路到 18 号线连线开路
K23	液压泵、砂轮电动机不能工作	KUD 线圈到 23 号线连线开路
K24	电磁吸盘不能退磁	KM6 触头到 21 号线连线开路,电磁吸盘无电压
K25	电磁吸盘不工作	KM6、KM5 触头到 24 号线连线开路,电磁吸盘无电压

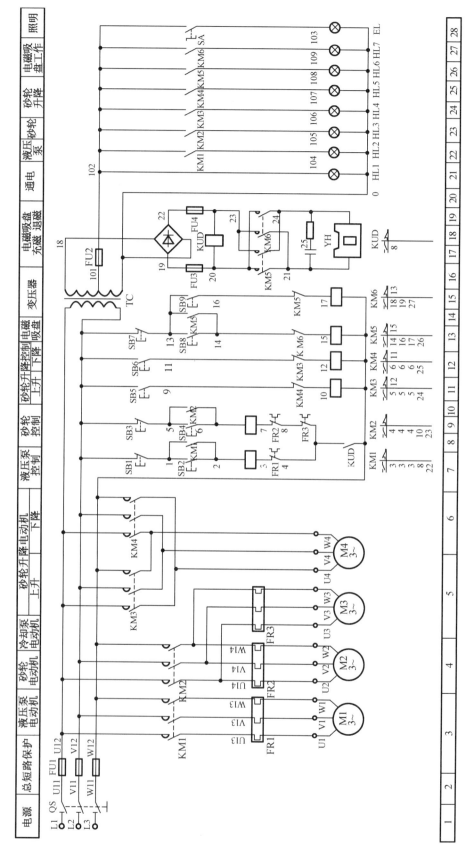

图 D – 3　M7120 型半实物平面磨床电气原理图

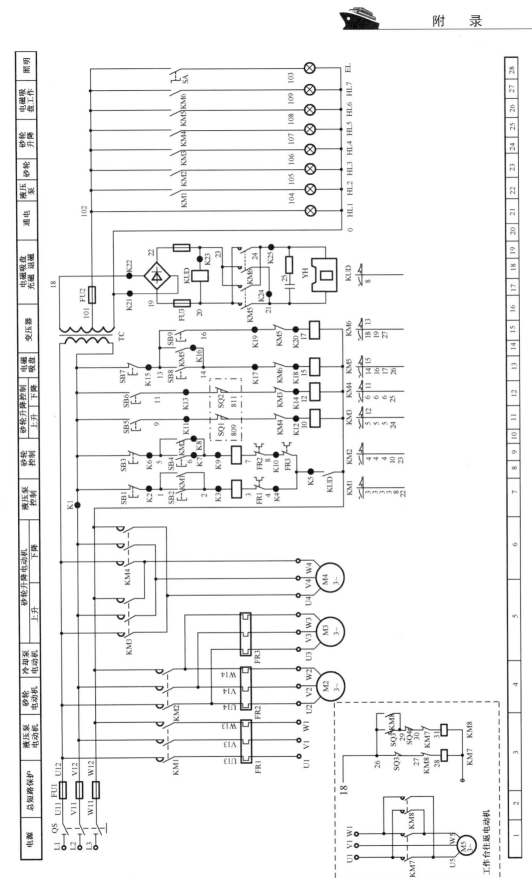

图 D - 4　M7120 型半实物平面磨床电气故障图